Le Mouton

Anatomie · Physiologie
Élevage · Reproduction
Hygiène et Maladies

par Émile THIERRY

LE MOUTON

ANATOMIE, PHYSIOLOGIE, RACES, PRODUCTION

HYGIÈNE, MALADIES

DU MÊME AUTEUR :

Le Bœuf. — *Anatomie, physiologie, production, hygiène et maladies.*

1 volume forme album avec 5 planches coloriées et 36 figures. . . . . 3 fr. 50

Le Porc. — *Anatomie, physiologie, production, hygiène et maladies.*

1 volume forme album avec 5 planches coloriées et 22 figures. . . . . 3 fr. 50

EN PRÉPARATION :

Le Cheval.

TYPOGRAPHIE FIRMIN-DIDOT ET Cⁱᵉ. — MESNIL (EURE).

LE MOUTON

ZOOLOGIE, ANATOMIE ET PHYSIOLOGIE
RACES OVINES, PRODUCTION, EXPLOITATION
HYGIÈNE ET MALADIES

PAR

Émile THIERRY

VÉTÉRINAIRE. — PROFESSEUR DE ZOOTECHNIE
DIRECTEUR D'ÉCOLE PRATIQUE D'AGRICULTURE

LIBRAIRIE AGRICOLE DE LA MAISON RUSTIQUE
26, Rue Jacob, Paris

LE MOUTON

PREMIÈRE PARTIE

ZOOLOGIE, ANATOMIE ET PHYSIOLOGIE

CHAPITRE PREMIER

CARACTÈRES ZOOLOGIQUES ET CLASSIFICATION

Le *mouton* est un *vertébré, mammifère, bisulque, ruminant,* de la famille des *bovidés* ou *cavicornes,* formant, avec la chèvre, la section ou sous-famille des *ovinés.* Ceux-ci ont les cornes comprimées, annelées et supportées par une cheville osseuse qui naît de l'os frontal. Cet os est creusé de petites cavités ou *sinus,* se continuant dans la cheville sur laquelle la corne est fixée. Les femelles n'ont ordinairement que deux mamelles inguinales (Railliet).

Le mouton appartient à l'embranchement des *vertébrés,* à raison de son système nerveux central enfermé dans un canal composé du crâne et d'un grand nombre de petits os, appelés *vertèbres,* articulés les uns avec les autres et formant une co-

lonne sinueuse à peu près horizontale et indiscontinue de la tête à l'extrémité de la queue. Il est *mammifère* parce que sa femelle porte des mamelles. Il est *bisulque,* à raison de ses pieds divisés et parce que les deux doigts médians seuls portent sur le sol; les deux doigts postérieurs, très courts, sont situés en arrière des premiers. Il est *ruminant* parce que son estomac est divisé en quatre compartiments et qu'il ne peut digérer les aliments qu'après les avoir *ruminés.*

Selon Railliet, la sous-famille des ovinés, qui ne comporte ordinairement que deux genres : *ovis* (mouton) et *capra* (chèvre), doit comprendre aussi le genre *ovibos,* classé parmi les bovinés par plusieurs naturalistes.

Le genre *ovis* (mouton), à l'aspect extérieur, est facile à distinguer du genre *capra* (chèvre). Les moutons ont les formes arrondies, le chanfrein presque toujours busqué, le front souvent plat et, parfois, convexe. Les cornes, contournées en spires, portent toujours des anneaux tuberculeux. Ils ont des *larmiers* et des *glandes interdigitées* (canaux biflexes). Les membres sont plutôt minces et grêles que forts et la queue est courte et velue; le pelage est formé d'un mélange de *laine* et de poils courts et fins (Railliet).

Très sociables, les moutons vivent en troupes souvent considérables.

Les caractères physiologiques du mouton domestique sont les suivants : Le mâle ou *bélier* est apte à la reproduction vers l'âge de 10 à 12 mois. Nous avons connu un jeune bélier qui, ayant commencé la lutte à l'âge de 8 mois, avait, en un mois, fécondé 42 brebis sur 50 au milieu desquelles il avait été lâché bien à tort. La brebis devient en chaleur vers l'âge de 8 à 10 mois. La durée moyenne de la gestation est de 5 mois ou 150 jours. Assez souvent la gestation est double, rarement triple. La durée moyenne de la vie du mouton serait normalement, dit-on, de 12 à 15 ans.

On connaît, dit Railliet, des produits hybrides résultant de l'accouplement du mouflon de Corse avec la brebis domestique. Les moutons et les chèvres, par leur union, donnent entre eux des hybrides connus sous le nom de *chabins*.

L'existence de ces hybrides est niée formellement par certains auteurs et, parmi eux, Cornevin et Lesbre. Ces deux professeurs, après une étude anatomique minutieuse faite sur deux individus prétendus chabins, sont arrivés à cette conclusion : « que les caractères étaient exclusivement ovins et ne présentaient rien de caprin ».

Les chabins, primitivement produits au Chili, sont exploités pour leur fourrure. Ils ont la physionomie ovine et leur face, en particulier, est indéniablement une face de mouton. Ces animaux,

dont la fécondité est indéfinie, paraissent donc être plutôt une véritable race ovine que des hybrides. On sait que le caractère essentiel des hybrides est l'infécondité absolue des mâles et la fécondité limitée des femelles avec des mâles de l'une ou de l'autre des espèces qui les ont produits. On ne saurait cependant nier l'accouplement du bouc et de la brebis que nous avons personnellement constaté.

Le mouton, doux, timide, n'est pas d'une intelligence bien vive. Il a surtout une grande faculté d'imitation qui le pousse, en suivant ses semblables, à faire les sauts les plus périlleux; témoins les « moutons de Panurge ». Néanmoins le mouton est un peu éducable, surtout lorsque, isolé, il est élevé par le berger ou toute autre personne. Dans ce cas, on l'appelle *agneau*, puis *mouton de cotillon*. Il est des brebis, objets de soins particuliers de la part du berger et que celui-ci conserve pour l'aider, avec ses chiens, à la direction du troupeau, dans des chemins et dans des passages difficiles ou dangereux.

Nous avons connu plusieurs moutons élevés par des enfants et qui semblaient prendre avec intelligence part à leurs jeux. On faisait, par exemple, très facilement sauter un obstacle à un agneau, lequel bêlait tristement si, à l'heure accoutumée, sa jeune maîtresse n'allait pas le prendre pour l'emmener à la promenade.

Toutes les diverses fonctions de l'économie sont accomplies par des organes spéciaux. Mais les organes collaborant à une même fonction sont, pour en faciliter l'étude, réunis en groupes qui constituent des *appareils*. C'est ainsi que nous étudierons successivement :

L'*appareil locomoteur*, l'*appareil digestif*, l'*appareil circulatoire*, l'*appareil respiratoire*, l'*appareil urinaire*.

A part le premier de ces appareils, les quatre autres concourent à la nutrition générale dont nous résumerons les phénomènes dans un chapitre particulier : *Résumé des phénomènes généraux de la nutrition.*

Puis, nous verrons l'*appareil nerveux,* l'*appareil des sens,* l'*appareil de la génération.*

Nous indiquerons par des chiffres, reproduits sur les planches, les principaux organes constitutifs des divers appareils ci-dessus énumérés; et nous indiquerons rapidement le mécanisme des différentes fonctions à l'accomplissement desquelles ils concourent respectivement.

CHAPITRE II

APPAREIL DE LA LOCOMOTION

Cet appareil est constitué par le *squelette* ou charpente solide composée d'*os* articulés entre eux et plus ou moins mobiles les uns sur les autres, et par des organes actifs du mouvement appelés *muscles* ou *chair musculaire,* qui est comestible. C'est par l'appareil locomoteur que l'animal se meut, marche et se transporte d'un lieu à un autre.

La **Planche II** représente le squelette et presque toutes les pièces qui le constituent. Il se divise, pour l'étude, en trois parties : la *tête,* le *tronc* et les *membres;* ces derniers sont distingués en *membres antérieurs* ou *thoraciques* et en *membres postérieurs* ou *pelviens.*

Tête.

1. Mâchoire supérieure;	3. Occipital;
2. Mâchoire inférieure;	4. Crête frontale;
5. Cheville osseuse;	12. Dents molaires supérieures;
6. Frontal;	13. Petit sus-maxillaire;
7. Lacrymal;	14. Larmier;
8. Zygomatique;	15. Orbite;
9. Temporal;	16. Dents molaires inférieures;
10. Sus-nasal;	17. 8 dents incisives.
11. Grand sus-maxillaire;	

Les os de la tête sont articulés entre eux par engrènement ou *suture.* Ils ne sont pas mobiles les uns sur les autres. Les dents sont enchâssées dans des cavités creusées dans l'épaisseur des os maxillaires.

Tronc.

18-24. Sept vertèbres cervicales (*la 1re se nomme* Atlas (18) *et la 2e* Axis (19));	46. Sacrum;
	47-58. Vertèbres coccygiennes (*parfois au nombre de 24*);
25-37. Treize vertèbres dorsales;	59-61. Os coxaux ou os du bassin;
11'-13'. Côtes;	59. Ilium;
1'-8'. Vraies côtes ou côtes sternales;	60. Ischium;
9'-13'. Fausses côtes ou côtes asternales;	61. Pubis;
38. Sternum;	62. Articulation de la hanche ou coxo-fémorale.
39-45. 7 vertèbres lombaires (*parfois au nombre de 6*);	

Membres.

63. Scapulum ou omoplate;	79. Seconde phalange;
64. Articulation de l'épaule ou scapulo-humérale;	80. Troisième phalange;
	81. Petits sésamoïdes;
65. Humérus ou os du bras;	82. Fémur ou os de la cuisse;
66. Olécrane ou os du coude;	83. Rotule;
67. Radius ou os de l'avant-bras;	84. Tibia ou os de la jambe;
68. Articulation du coude;	85. Articulation du grasset ou fémoro-tibio-rotulienne;
69-75. Os du carpe ou de l'articulation du genou;	
76. Métacarpe;	87-90. Os du tarse, ou de l'articulation du jarret;
77. Grands sésamoïdes;	87. Calcaneum;
78. Première phalange;	88. Astragale.

Les os des rayons inférieurs du membre postérieur sont les analogues des os correspondants du membre antérieur, dont ils ne diffèrent que par un peu plus de longueur et un peu moins de largeur.

La **Planche IV** donne la représentation de la plupart des muscles qui constituent la chair comestible.

1. Releveur de la lèvre supérieure ou fronto-labial;
2. Zygomato-labial, ou releveur de la commissure des lèvres;
3. Releveur spécial de la lèvre supérieure, produisant le retroussement complet de la lèvre;
4. Pyramidal du nez;
5. Alvéolo-labial;
6. Abaisseur de la lèvre inférieure;
7. Masséter;
8. Sterno-maxillaire;
9. Tendon du muscle précédent;
10, 11. Muscles palpébraux ou moteurs des paupières;
12, 13, 14. Muscles moteurs de la conque de l'oreille;
15. Parotido-auriculaire;
16, 17, 18, 19, 20. Muscles allant du sternum et de l'humérus à différents os de la tête et concourant tous à la flexion de la tête sur l'encolure;
21. Petit pectoral;
22. Trapèze;
23. Angulaire de l'omoplate;
24, 25. Adducteurs de l'épaule;
26. Partie tendineuse de ces muscles;
27, 28. Scapulo-huméral;
29. Extenseur externe de l'avant-bras;

30, 31. Muscles olécraniens ou extenseurs de l'avant-bras;
32. Grand dorsal;
33. Grand oblique de l'abdomen;
34. Grand dentelé;
35. Grand pectoral;
36. Extenseur du métacarpe;
37. Extenseur interne des phalanges;
38. Extenseur commun des phalanges;
39. Extenseur externe des phalanges;
40. Fléchisseur externe du métacarpe;
41. Extenseur oblique du métacarpe;
42. Fléchisseur superficiel des phalanges.
43. Tendon du même;
44. Fléchisseur profond des phalanges;
45. Tendon du même;
46. Bride carpienne;
47. Tendon de l'extenseur commun des phalanges;
48. Extenseur oblique des phalanges;
49. Tendon du fléchisseur commun des phalanges;
50. Tendon de l'extenseur des phalanges internes;
51. Bride du ligament suspenseur du boulet;
52. Grand fessier;
53. Fascia lata;
54. Branche ant du triceps fémoral;

55. Branche moyenne du même;
56. Branche postérieure du même; ces trois branches constituent le muscle ilio-aponévrotique;
57. Long-vaste, fléchisseur de la jambe;
58. Fléchisseur profond;
59. Muscles coccygiens;
60. Tibio-pré-métatarsien;
61. Long extenseur des phalanges;
62. Court fléchisseur du métatarse;
63. Long fléchisseur du métatarse;
64. Long fléchisseur des phalanges;
65. Portion externe du trijumeau ou gastro-cnémien;
66. Portion interne du même;
67. Fléchisseur interne des phalanges;
68. Tendon du gastro-cnémien formant la corde du jarret.

Tels sont les principaux organes concourant à la fonction locomotrice dont l'étude ne présente que très peu d'intérêt pour un animal qui, comme le mouton, n'est jamais exploité, du moins en France, comme moteur. Nous avons cependant vu quelquefois des moutons dressés, comme les chèvres, à l'attelage et traînant avec une certaine rapidité des voitures d'enfants.

CHAPITRE III

APPAREIL DE LA DIGESTION

L'étude de cet appareil offre un grand intérêt chez l'animal de rente qu'est le mouton. Il concourt à la grande fonction de *nutrition*. L'appareil digestif se compose d'un très long tube qui présente, dans son étendue, plusieurs renflements ou cavités ouvertes ayant chacune un rôle spécial. Ce tube, ou *canal digestif*, a deux ouvertures : une antérieure, la *bouche*, et une postérieure, l'*anus*. Des glandes, dont les produits ont une action dissolvante sur les aliments, qu'ils rendent assimilables, sont annexées à ce tube et échelonnées le long de son trajet. Ces glandes sont : les *glandes salivaires*, le *pancréas*, le *foie* et les *glandes de l'estomac* et de l'*intestin*.

Chaque partie distincte du canal digestif joue un rôle spécial dans l'accomplissement de la grande fonction de digestion. Ces parties sont : la *bouche*, le *pharynx*, l'*œsophage*, l'*estomac*, l'*intestin grêle* et le *gros intestin*.

Ces divers organes sont figurés à la **Planche V** par des numéros que nous reproduisons avec les noms correspondants. Mais disons ici que l'estomac du mouton est multiple et offre quatre parties bien distinctes à étudier. Nous en parlerons à propos de la physiologie de la digestion et du mécanisme de la *rumination*.

Organes de la digestion.

28. Cavité de la bouche ;
29. Langue ;
30. Palais et ses sillons ;
9. Pharynx ou arrière-bouche ;
31. Ouverture œsophagienne ;
32. Œsophage, suivant le côté gauche du bord inférieur de l'encolure, traversant la poitrine dans toute sa longueur et, après avoir traversé le diaphragme, débouchant dans :
33. Panse ou rumen ;
34. Cul-de-sac gauche du même ;
35. Cul-de-sac droit ;
36. Pilier du rumen ;
37. Villosités internes du rumen ;
39, 40, 41, 42. Intérieur du rumen ;
43. Communication du rumen avec le second estomac ;
44. Second estomac (bonnet ou réseau) ;
45. Gâteau d'abeilles ou cellules du réseau ;
46. Troisième estomac (feuillet, livret, ou psautier) ;

47. Feuillets du même ;
48. Quatrième estomac (caillette) ;
49. Replis de sa muqueuse ;
50. Ouverture de la caillette dans l'intestin (pylore) ;
51. Duodénum ou première portion de l'intestin grêle ;
52. Mésentère ;
53. Jéjunum ou portion moyenne de l'intestin grêle ;
54. Iléon ou dernière portion du même ;
55. Communication de l'intestin grêle avec le cœcum ;
56. Cœcum ;
57. Côlon ;
58. Rectum ;
59. Anus ;
60, 61, 62 et 63. Foie ;
64. Vésicule biliaire ;
65. Conduits ou canaux biliaires ;
66. Canal cystique ;
67. Canal cholédoque ou conduit biliaire commun amenant la bile dans l'intestin grêle.

Outre le foie, il est d'autres annexes du canal digestif non représentés sur la **Planche V**, telles sont les glandes salivaires au nombre de trois paires : les *parotides* situées près et au-dessous des oreilles, dont le canal excréteur s'ouvre à la face interne de chaque côté des joues ; ces glandes sécrètent une salive très liquide ; les *sublinguales* et les *maxillaires* donnant une salive visqueuse ; enfin la glande pancréatique ou *pancréas* accolée à l'estomac et au duodénum.

PHYSIOLOGIE DE LA DIGESTION. — Cette fonction s'accomplit par un certain nombre d'actes auxquels on donne les noms suivants : *préhension des aliments, mastication et insalivation, déglutition, rumination, digestion stomacale, digestion intestinale, osmose intestinale* ou *absorption, assimilation* et *défécation*. Avant de préciser le mécanisme de ces divers actes, nous devons dire quelques mots de ce qui a reçu le nom d'*aliment*.

ALIMENTS. — Un *aliment*, quel qu'il soit, est une substance qui, introduite dans l'appareil de la digestion, est susceptible, après élaboration par les sucs provenant des glandes, de nourrir, de réparer les pertes solides et liquides du sang et, par conséquent, d'entretenir la vie. Les aliments sont *solides* ou *liquides* ; ces derniers sont les *boissons*.

On distingue les aliments en *aliments minéraux* ou *inorganiques* et en *aliments organiques*. Les premiers, puisés dans le règne minéral, sont fournis par des sels divers indispensables à la nutrition et à la constitution des parties liquides et solides de l'organisme. Parmi les minéraux indispensables à l'entretien d'un animal se trouvent le fer, le phosphore, la chaux, la soude, la magnésie, etc., qui se présentent sous divers états favorables à leur absorption et à leur intégration dans les organes animaux. Les aliments organiques, qui conviennent au mouton, appartiennent au règne végétal.

Tout aliment se compose de *principes immédiats azotés* et de *principes immédiats non azotés*. Les premiers sont souvent désignés sous les noms de *principes albuminoïdes* ou de *protéine*, ou encore *éléments quaternaires*, parce qu'il entre toujours au moins quatre corps simples dans leur constitution ; les seconds sont encore appelés *extractifs non azotés* ou *éléments ternaires*, n'ayant que trois corps simples pour les former.

Parmi les albuminoïdes, ou principes immédiats azotés, se trouvent l'*albumine végétale* contenue dans les grains divers et dans la sève, la *caséine végétale* et ses formes variées : *légumine, gluten-caséine*, que l'on rencontre dans les graines de légumineuses telles que les fèves, les pois, les vesces et dans les graines oléagineuses ; la *gélatine végétale* provient des grains de céréales dont ils sont la base de la richesse alimentaire. Ils ont, en général, la composition chimique moyenne suivante d'après les recherches de Lieberkühn :

Carbone	52,7 — 54,5 pour 100
Hydrogène	6,9 — 7,3 —
Azote	15,2 — 17,0 —
Oxygène	20,9 — 23,5 —
Soufre	9,8 — 2,0 —

Les extractifs non azotés sont constitués par deux éléments très différents, les *hydrates de carbone* et la *graisse*. Parmi les premiers se trouvent l'*amidon*, la *fécule* et la *dextrine* dont la composition est de 6 parties de carbone, 10 d'hydrogène et 5 d'oxygène, les *celluloses* qui se transforment plus ou moins facilement en *sucre* et dont la composition est analogue à celle de l'amidon, les *glycoses* formés de 12 parties de carbone, 24 d'hydrogène et 12 d'oxygène. Ces glycoses sont très fermentescibles. Le nom d'*hydrate de carbone* vient de ce que ces extractifs, en se décomposant, donnent toujours naissance à de l'eau et à de l'acide carbonique.

Sont considérées comme *graisse* toutes les parties des aliments pouvant se dissoudre dans l'éther.

Un aliment quelconque, indépendamment des sels nutritifs indispensables, doit contenir des albuminoïdes et des extractifs non azotés unis dans une proportion déterminée et d'après une formule simple, facile à établir lorsque l'on connaît l'analyse chimique des matières considérées. Voici cette formule : $\frac{M\,A}{MNA}$, qui précise le rapport devant exister, dans un aliment, entre l'élément azoté et les éléments non azotés. En d'autres termes, un aliment doit avoir telle proportion d'albuminoïdes et telle autre d'extractifs non azotés. Non seulement, il doit y avoir une relation déterminée, favorable à la digestibilité de l'aliment, entre les albuminoïdes et les éléments ternaires, mais il doit exister un rapport nécessaire, entre les matières azotées et les matières grasses, appelé adipo-protéique et se formulant ainsi : $\frac{M\,A}{m\,g}$.

D'après leur composition chimique et leur constitution physique, les matières destinées à nourrir les animaux sont distinguées en *aliments concentrés* et en *aliments grossiers*. Les premiers sont plus riches en principes digestibles et assimilables qu'en cellulose brute ; les seconds au contraire sont plus riches en cellulose. Les grains de céréales, les graines de légumineuses ou de plantes oléagineuses donnent des aliments concentrés et renferment, selon qu'ils le sont faiblement ou fortement, de 12 à 20 pour 100 de principes albuminoïdes. Les aliments grossiers contiennent jusqu'à 30 pour 100 de matières non nutritives contenues dans les fibres ligneuses.

Les aliments dits *aqueux* servis aux moutons, sont également très nourrissants, si l'on ne considère que la matière sèche digestible, abstraction faite de l'eau qu'ils renferment en grande quantité. Tels sont les racines fourragères et les fourrages verts. Ces substances tiennent en dissolution, dans leur eau de composition, des matières colloïdes nutritives, immédiatement assimilables.

Plusieurs sortes de grains, graines et semences sont employés à l'alimentation des ovins : les féveroles, les pois, le sarrazin, l'avoine, l'orge, le blé, le seigle, le maïs, le gland, la châtaigne. On donne également à ces animaux des racines et des tubercules : betteraves, carottes, pommes de terre, topinambours; les tiges et les feuilles de chou-fourrage, de chou-rave; des pailles diverses, des balles de céréales, des siliques de crucifères, des gousses de légumineuses; des fourrages verts de spergule, de pois, de vesce, de sainfoin, d'avoine, de seigle, de maïs, de moha, de luzerne, de trèfle, etc., des foins de prairies naturelles et artificielles; des résidus industriels de distillerie, de sucrerie, de féculerie, d'huilerie, de brasserie, de meunerie, etc.

PRÉHENSION DES ALIMENTS. — Le mouton saisit les aliments avec ses lèvres minces et allongées, puis il les pince et les coupe entre ses deux incisives et le bourrelet gingival supérieur. Il absorbe les liquides par succion.

MASTICATION ET INSALIVATION. — Ces deux actes s'accomplissent simultanément. La présence des matières alimentaires dans la bouche provoque l'excrétion d'une grande quantité de salive parotidienne qui les humecte. La mastication s'exécute, comme chez le bœuf, par un mouvement alternatif, de la mâchoire

inférieure, — la supérieure étant immobile — de haut en bas et d'un côté à l'autre. Les joues et la langue ramènent constamment les aliments sous les dents jusqu'à ce qu'ils soient réunis en une pelote ou *bol*.

DÉGLUTITION. — Après avoir subi l'action de la salive parotidienne, le bol alimentaire est rendu glissant par la présence des salives visqueuses fournies par les glandes maxillaires et sublinguales. La langue, sur laquelle les aliments se trouvent réunis, se contracte en s'appuyant sur le palais progressivement de sa pointe à sa base et pousse le bol à soulever le *voile du palais* et à passer dans le pharynx. Le voile du palais soulevé ferme l'ouverture laryngienne en obligeant l'*épiglotte* à remplir son rôle de soupape obturatrice. Une fois dans le pharynx, les contractions de cet organe font glisser le bol alimentaire dans l'œsophage, qui, par les contractions de haut en bas de sa tunique charnue, chasse les aliments dans la panse.

RUMINATION. — Alors commence le plus important des actes digestifs chez les moutons. En effet, quelle que soit la quantité d'aliments contenus dans les estomacs d'un ruminant, l'animal mourra de faim si la rumination est arrêtée ou trop longtemps suspendue. Chacun des quatre compartiments de l'estomac du mouton a son rôle propre.

Le *rumen* reçoit les aliments qui y sont déposés en réserve pendant le repas et qui reviennent dans la bouche pendant la rumination. Durant leur séjour dans le premier estomac, les matières alimentaires se ramollissent, subissent, pendant un temps variable et toujours assez long, non seulement l'action des liquides absorbés en boisson, mais encore celle de la salive qui, par ses principes constitutifs, véritables ferments, transforme les hydrates de carbone (sucre, fécule, amidon, cellulose) en glycose. C'est le ramollissement des aliments dans la panse qui explique comment les ruminants, en général, peuvent être nourris avec des substances grossières et peu digestibles. L'influence des liquides et de la salive ne se manifeste que sur la cellulose contenue dans le ligneux des fourrages secs que n'utilisent que peu les herbivores non ruminants. Mais le rumen contient en outre des peptones provenant d'infusoires et de ferments figurés, habitant ce sac, et qui donnent en outre un produit particulier, la *trypsine*, laquelle commence un peu le travail digestif sur les éléments quaternaires.

Le *réseau*, qui n'est qu'un compartiment annexe du rumen, participe aux fonctions de ce dernier. Il emmagasine surtout les liquides; les matières solides qu'il renferme sont toujours délayées dans une grande quantité d'eau.

La *gouttière œsophagienne* amène dans le feuillet et dans la caillette les substances dégluties pour la seconde fois, ou celles que l'animal ingère en très petite quantité pour la première fois, après les avoir bien mastiquées.

Le *feuillet* achève la trituration des aliments non encore assez divisés pour être utilement digérés.

La *caillette*, dont la muqueuse fournit le suc gastrique, est le véritable estomac. C'est dans ce compartiment que s'opère la digestion stomacale des aliments azotés.

MÉCANISME DE LA RUMINATION. — L'animal saisit les aliments, les mastique grossièrement, les enroule, en réduit le volume en les humectant de façon à ce qu'ils puissent glisser dans le pharynx dans l'œsophage. Celui-ci les conduit dans la panse qui n'est jamais complètement vide; car il faut toujours une certaine quantité de matières alimentaires, comme lest, pour que la rumination puisse s'effectuer. Quand le mouton a terminé son repas, il se couche et, au bout d'un instant de repos, la rumination commence. Si l'on observe le sujet, on voit un soubresaut partant du flanc gauche et secouant tout le corps; on entend en même temps un *glouglou* et une éructation résultant de l'expulsion, par la bouche, de gaz provenant des fermentations opérées dans le rumen. Aussitôt après on voit un gonflement allongé, partant de la naissance du cou et remontant, du côté gauche et près du bord inférieur, jusqu'à la gorge. C'est un bol revenant à la bouche pour y subir une seconde et plus complète mastication. Dans cet acte, les aliments sont parfaitement et finement broyés, puis déglutis une seconde fois. Venant donc de la panse, après cette nouvelle division, ils vont, pour une partie, dans la caillette s'ils sont réduits en une pulpe très fluide et, pour une autre partie, dans le feuillet, conduits dans les deux cas par la gouttière œsophagienne. Toutefois, d'après Colin et Laulanié, les aliments, mastiqués une seconde fois, retourneraient pour la plus grande partie dans la panse d'où, à mesure des besoins de l'organisme, ils seraient répartis dans le feuillet et dans la caillette.

La durée de la rumination est variable. Si l'animal est tranquille à la bergerie ou dans les pâturages, il ruminera pendant une demi-heure au moins; il s'interrompra pendant quelques instants et recommencera jusqu'à ce que le sommeil le gagne. Quand les animaux ne sont pas dérangés, la rumination est continue; dans le cas contraire ils la suspendent pour la reprendre un instant après. Mais, nous le répétons, pour que la rumination s'accomplisse, il faut que la panse soit modérément remplie. Si elle est surchargée et surtout distendue par des gaz, ses parois, un peu paralysées, ne se contractent plus et ne peuvent réagir sur la masse. Il faut enfin que les aliments soient passablement humectés.

Il est des causes qui suspendent la rumination ou l'empêchent de s'établir. Mais ces causes sont moins fréquentes et surtout moins actives chez le mouton que chez le bœuf. La suspension plus ou moins longue de la rumination est toujours un signe important de maladie; on ne doit négliger aucun moyen de la rétablir. La rumination suspendue, chez le mouton, a toujours des suites beaucoup plus graves et plus rapidement mortelles que chez le bœuf. Parmi les causes de suspension, la plus certaine est le début des maladies, même en apparence légères. La trop grande quantité d'aliments ingérés, les gaz développés dans le rumen, l'absorption des plantes vénéneuses sont encore des causes capables de suspendre ou d'arrêter sa fonction. Mais quelles que soient les causes ayant amené cette suspension, si celle-ci se prolonge, elle devient le plus sérieux obstacle à son rétablissement. Les aliments se dessèchent dans la panse; ceux du feuillet forment des tablettes très dures qu'il devient difficile de ramollir; la musculeuse perd son ressort et la désobstruction ne s'obtient, quand c'est possible, qu'avec beaucoup de peine (Colin).

DIGESTION STOMACALE. — Elle s'opère dans la caillette sous l'action du suc gastrique. Les matières hydrocarbonées, qui n'ont pas achevé leur transformation par la diastase salivaire, l'achèvent dans l'estomac à l'aide de la salive qu'elles ont entraînée pendant la déglutition. Le suc gastrique agit sur les matières albuminoïdes. Il se forme ainsi, au bout d'un certain temps de séjour dans l'estomac, une pâte très complexe, appelée *chyme*, qui, après avoir été imprégnée de *salive* et de *suc gastrique*, franchit le pylore et passe dans l'intestin.

DIGESTION INTESTINALE. — En arrivant dans l'intestin grêle, le chyme reçoit le *suc pancréatique* et la *bile*. Le premier complète l'action de la salive sur les hydrates de carbone, émul-

sionne les graisses et agit en outre en continuant la dissolution, commencée dans l'estomac, des matières quaternaires. La bile, aidée du suc gastrique, dissout les graisses et les rend diffusibles. A mesure que les matières progressent dans l'intestin, elles subissent l'action des *sucs entériques* sécrétés par les glandes multiples disséminées sur toute l'étendue de ce long tube jusqu'à ce que le *chyle* soit constitué. Celui-ci est un liquide d'apparence laiteuse, composé en grande partie d'eau tenant en suspension ou en dissolution des corpuscules ou globules blancs et des matières grasses.

OSMOSE INTESTINALE OU ABSORPTION. — Lorsque le chyle est bien formé, il est filtré et absorbé par les villosités intestinales également disséminées sur toute l'étendue de l'intestin grêle et même du gros intestin. Ce sont les *vaisseaux chylifères* qui reçoivent, des villosités, les matières alimentaires élaborées et devenues le chyle. Les chylifères déversent les produits qu'ils charrient dans le système veineux.

ASSIMILATION. — Le chyle, une fois dans les veines, va être mélangé au sang, être entraîné dans son torrent et subir l'action de l'oxygène de l'air dans l'acte respiratoire. Repris par les artères, il va déposer, dans les diverses parties de l'organisme et selon les besoins, des éléments nouveaux qui vont se fixer, s'associer, *s'assimiler* en vertu de phénomènes encore peu connus.

DÉFÉCATION. — Arrivés dans la dernière portion de l'intestin, les matériaux, n'ayant pu être absorbés, forment des résidus qui s'accumulent dans le rectum jusqu'à ce qu'ils soient rejetés par l'anus.

DIGESTIBILITÉ DES ALIMENTS. — Absorbé et soumis à l'action des sucs de la digestion, l'aliment n'abandonne qu'une quantité plus ou moins importante des principes assimilables qu'il renferme. Il n'est pas entièrement digestible et la *digestibilité* a des degrés ; elle est *absolue* ou *relative*.

La *digestibilité absolue* est en raison inverse de l'âge des plantes ou de l'état d'avancement de la végétation. Le moment où elle est le plus élevée coïncide avec l'époque de la vie de la plante qui précède immédiatement la floraison. Il y a dans ce fait une indication pour fixer le moment de la fauchaison, en général trop tardive. Si on laisse passer, pour les couper, l'époque de la floraison, les végétaux ne contiennent plus qu'un excès de ligneux indigestible et renferment beaucoup moins de principes assimilables qui sont passés dans les graines.

La *digestibilité relative* varie avec la *relation nutritive* dont il a été question précédemment. Plus ce rapport est étroit, plus l'aliment est digestible, ce qui veut dire qu'il y a une plus grande somme de principes assimilables dans une substance alimentaire dont la relation nutritive se rapproche davantage de la moyenne ou est un peu plus étroite que cette moyenne, soit 1/5. Si la relation nutritive est 1/2 ou 1/3, l'aliment est plus digestible que si elle est 1/8 ou 1/12, par exemple. Dans tous les cas s'il existe dans l'aliment un excès de matière azotée, celle-ci peut n'être pas digérée et passe alors au fumier où elle n'est pas perdue, pouvant être utilisée par les cultures diverses. C'est le cas de la relation 1/2 à 1/4. Si au contraire, comme dans le rapport 1/8 à 1/12 ou au delà, il y a un excès de principes ternaires, il y a perte absolue, parce que les matières grasses et les hydrates de carbone, tombés dans les fumiers, ne sont jamais utilisés par les végétaux. Mais, par des mélanges, on peut toujours arriver à constituer une ration ayant une relation nutritive favorable.

On appelle *coefficient de digestibilité* le *tant pour cent* de principes assimilables qu'un aliment abandonne en traversant le canal digestif. Mais ce coefficient varie tout à la fois avec l'âge des végétaux et avec la relation nutritive.

Le même aliment n'a pas la même digestibilité chez tous les individus qui le consomment. Il est des animaux qui tirent meilleur parti que d'autres d'une ration déterminée, en vertu d'une aptitude digestive particulière. Les animaux doués de cette aptitude sont souvent et vulgairement qualifiés par une expression pittoresque assez exacte : on dit qu'ils ont *bonne mâche* ou *bonne gueule*. Quoi qu'il en soit, on appelle *coefficient digestif*, le *tant pour cent* de principes alibiles retirés par tel ou tel sujet d'une substance déterminée. Tel mouton trouvera à se nourrir convenablement avec un poids donné d'un aliment, tandis qu'un autre de même âge, de même poids sera insuffisamment nourri avec la même ration du même aliment, d'où la difficulté d'indiquer des chiffres précis pour le rationnement.

Il est bon de dire ici que les animaux jeunes ont toujours un coefficient digestif plus élevé que les animaux âgés. Il découle de ce fait l'indication qu'on n'a jamais avantage à conserver vieux des animaux comestibles ; ils sont toujours plus difficiles à entretenir et surtout à engraisser que des jeunes arrivant à l'âge adulte.

D'autre part toutes les espèces animales n'ont pas la même aptitude digestive pour les différents principes quaternaires ou ternaires constitutifs d'un aliment. Un mouton, par exemple, auquel on donne une ration ayant une relation nutritive favorable de 1/5 pourra assimiler, d'après A. Sanson, 60 0/0 de protéine, 61 0/0 de principes gras, 71 0/0 des hydrates de carbone et, chose presque exceptionnelle, jusqu'à 62 0/0 de cellulose brute.

CONDIMENTS. — On appelle de ce nom les substances capables d'activer, par leur présence dans les aliments, les fonctions des diverses glandes concourant à la digestion. C'est le cas du sel marin et d'autres substances sucrées, acidulées, amères ou toniques. Ces diverses matières accroissent le coefficient de digestibilité et le coefficient digestif. Les opérations pratiquées pour la préparation des aliments tendent au même but. Les animaux sociables, que sont les moutons, mangent et se nourrissent mieux quand ils sont rassemblés en troupeau que quand ils sont isolés.

BOISSONS. — Les aliments liquides servis aux animaux sont les *boissons*. La meilleure et la seule boisson saine pour le mouton bien portant, c'est l'eau claire aussi pure que possible, pour laquelle il a d'ailleurs une préférence marquée. Nous avons vu souvent des moutons ne pas boire parce que le baquet n'était pas bien nettoyé. Cette négligence peut avoir des suites fâcheuses.

CHAPITRE IV

APPAREIL DE LA CIRCULATION

La circulation s'effectue par quatre sortes d'organes : un organe central, le *cœur*; des *artères*; des *veines*; des *vaisseaux lymphatiques*. Entre les artères et les veines se trouvent des *vaisseaux capillaires* qui sont, en réalité, les extrémités des artères et les racines des veines.

La **Planche III** présente un ensemble suffisant pour faire comprendre le mécanisme de la circulation, des organes composant cet appareil. Les lettres majuscules indiquent les principaux organes dans lesquels circulent les artères et les veines. Les premières sont colorées en rouge, les secondes en bleu.

H, cœur; L, trachée-artère; S, œsophage; L, foie; M, estomac.

Avant d'indiquer les artères et les veines figurées à la **Planche III**, nous croyons utile de nous reporter d'abord à la **Planche V** pour montrer le cœur et ses divers compartiments :

19. Ventricule gauche et, au-dessus, oreillette gauche;
20. Ventricule droit et, au-dessus, oreillette droite;
21. Artère pulmonaire partant du ventricule droit;
22. Aorte partant du ventricule gauche;
23. Intérieur de l'oreillette droite;
25. Intérieur de l'oreillette gauche;
26. Intérieur du ventricule gauche;
27. Ligaments valvulaires du cœur droit et du cœur gauche.

Revenant à la **Planche III**, nous avons :

Artères.

1. Aorte;
2. Artère coronaire gauche;
3. Aorte antérieure;
4. Aorte postérieure;
5. Tronc brachial droit (coupé);
6. Tronc brachial gauche;
7. Artère carotide gauche;
8. Artère carotide droite (presque invisible);
9. Artère cervicale;
10. Artère trachélienne;
11. Artère parotidienne;
12 et 13. Artères se distribuant dans les corps thyroïdes, le pharynx, le larynx et l'œsophage;
14. Artère céphalique;
15, 16, 17, 18, 19, 20, 22, 23. Artère glosso-faciale et ses divisions;
24. Artère temporale;
24. Angulaire de l'œil;
25. Première artère intercostale;
26, 27, 28. Artères cervicales superficielles et profondes;
29. Artère sus-sternale;
30 et 32. Artères sous-scapulaires (non figurées);
31. Artère sous-sternale;
33. Artère anti-branchiale;
34-38. Artères métacarpiennes et pédieuses;
39. Artère œsophagienne (portion thoracique);
40. Artère trachéo-bronchique;
41. Artère intercostales;
42. Artère diaphragmatique;
43. Tronc cœliaque destiné à l'estomac et aux organes annexes ou voisins;
44. Artère grande mésentérique;
45. Artères rénales;
46. Artère honteuse interne;
47. Artère petite mésentérique;
48. Artères lombaires;
49. Tronc crural;
50. Tronc iliaque;
51. Artère sacrée;
52 et 54. Artères abdominales;
53. Artère testiculaire (ou mammaire chez la brebis);
55, 56. Artères fessières;

57 et 60. Artère fémorale antérieure et
    ses divisions;
58 et 59. Artères tibiales;
61, 62, 63. Artères métatarsiennes et
    pédieuses;
64. Artère sous-abdominale;
65. Artères coccygiennes supérieure et
    inférieure;
66. Artère rectale;
67. Artère anale;
68. Artère génitale interne;

69. Artère ischiatique;
70. Artère pulmonaire.

Veines.

71. Veine cave antérieure;
72. Veines jugulaires gauche et droite;
73. Veine azygos (non figurée);
74. Veine cave postérieure;
75. Veine hépatique;
77. Veine porte.

Les capillaires et les lymphatiques ne sont pas figurés sur la **Planche III**. Le cœur, les artères et les veines sont remplis par un liquide particulier, le *sang* ou fluide nourricier. Les vaisseaux chylifères, qui font partie du réseau lymphatique, conduisent le chyle, avons-nous dit, dans l'appareil veineux où il est mélangé au sang. Le chyle va devenir du sang après avoir subi l'action de l'oxygène de l'air dans son passage à travers le poumon.

Le *sang* est le liquide qui entretient la vie et qui fournit à l'organisme les matériaux nécessaires à sa construction et à sa réparation. Le sang du mouton, rouge comme celui de tous les mammifères, a aussi la même composition dans laquelle on trouve un liquide, le *plasma*, tenant en suspension des *globules*, véritables cellules vivantes. Ces globules sont *rouges* ou *blancs*. Les rouges ont la forme de disques circulaires plus épais aux bords qu'au centre. Dans l'état de santé, les globules blancs sont beaucoup moins nombreux, au millimètre cube, que les globules rouges. Le plasma est composé, pour la plus grande partie, d'eau tenant en dissolution de l'*albumine*, de la *fibrine* et des *sels*. Le sang renferme encore une substance rouge, fixée aux globules de même teinte, l'*hémo-globine* qui, dans l'acte de la respiration, absorbe l'oxygène de l'air et devient ainsi l'*oxyhémoglobine*. Avant d'avoir absorbé de l'oxygène, le sang est rouge foncé, un peu noirâtre; sous l'action de l'oxygène il devient rouge rutilant. Il y a donc deux sortes de sang : le *sang noir* ou *sang veineux*, et le *sang rouge* ou *sang artériel*.

La masse du sang, chez le mouton, équivaut à 1/24 du poids du corps (G. Colin), ou à 4,1 pour 100 du poids du corps (Laulanié).

MÉCANISME DE LA CIRCULATION. — Ce mécanisme est en soi très simple. Il y a en réalité deux circulations : la grande et la petite. Celle-ci est encore appelée circulation pulmonaire. Dans la grande circulation, partant du ventricule gauche du cœur, le sang est conduit, par les artères, dans toutes les parties du corps, d'où il est ramené par les veines à l'oreillette droite et passe de là dans le ventricule situé au-dessous.

La petite circulation part du ventricule droit d'où le sang est emmené aux poumons par les artères pulmonaires. Il subit, pendant son court séjour dans les poumons, l'action de l'oxygène de l'air qu'il absorbe en abandonnant de l'acide carbonique. Il revient ensuite à l'oreillette gauche par les veines pulmonaires et passe dans le ventricule gauche.

Il ne faut pas croire que le sang sort des vaisseaux pour absorber l'air contenu dans les vésicules pulmonaires. C'est à travers les parois des capillaires et des vésicules que se fait l'échange.

La circulation artérielle donne lieu au *battement du pouls*. Chez le mouton, le pouls se perçoit à la face interne de l'avant-bras et à la face interne de la cuisse comme chez tous les petits animaux ; il bat 70 à 80 fois par minute. (Voir fig. 35.)

Le mouton possède, comme toutes nos espèces domestiques, des *glandes vasculaires sanguines* que nous avons décrites dans le volume *Le Bœuf*; ce sont les deux *corps thyroïdes*, situés de chaque côté du larynx; le *thymus* placé à l'entrée de la poitrine chez les jeunes sujets; la *rate* accolée au rumen; les *capsules surrénales* placées près des reins.

CHAPITRE V

APPAREIL DE LA RESPIRATION

Les organes de cet appareil sont les *cavités nasales*, le *larynx*, la *trachée-artère*, les *bronches* et le *poumon*. Ces deux derniers sont logés dans la *cavité thoracique* et sont particulièrement chargés de la fonction respiratoire proprement dite, dont le but final est la transformation du sang veineux en sang artériel.

Ces divers organes sont figurés à la **Planche V** :

8. Fosses nasales et cornets;	13. Bronches;
9. Pharynx;	14. Poumon gauche;
10. Larynx s'ouvrant dans le précédent;	15. Poumon droit;
11. Trachée-artère;	16. Paroi de la cavité thoracique;
	17 et 18. Diaphragme.

La *cavité thoracique*, ou cavité de la poitrine, est formée par les vertèbres dorsales en haut, de chaque côté par les côtes, en bas par le sternum et en arrière par le diaphragme. Elle est tapissée par la *plèvre*, qui recouvre la surface des deux poumons. Cette membrane séreuse, très mince et à double feuillet, se replie et forme une cloison, le *médiastin*, qui divise la cavité en deux compartiments presque égaux.

MÉCANISME DE LA RESPIRATION. — La fonction respiratoire est essentielle pour l'entretien de la vie. La suspension pendant un temps, même inférieur à dix minutes, détermine la mort. Voici comment cette fonction s'accomplit : les côtes sont soulevées par des muscles spéciaux et, parmi eux, les intercostaux externes, le diaphragme se relâche, d'où agrandissement de la cavité occupée par les poumons; le vide étant ainsi fait dans leur intérieur, l'air pénètre par les voies normales : les cavités nasales, le pharynx, le larynx, la trachée et les bronches, et abandonne une partie de son oxygène. Ce mouvement d'*inspiration* est immédiatement suivi d'un autre, l'*expiration*, par lequel l'air, l'acide carbonique la vapeur d'eau sont chassés des poumons. Ces deux actes, inspiration et expiration, donnent lieu à ce que l'on appelle les mouvements respiratoires dont le nombre, par minute, varie avec l'âge des animaux. Ce nombre est, chez le mouton, de 13 au moins et de 17 au plus par minute.

L'introduction de l'air dans la poitrine et sa sortie donnent naissance à un bruit de soufflet assez doux, appelé *murmure respiratoire*, qui s'entend facilement en appliquant une oreille sur la poitrine immédiatement en arrière de l'épaule.

CHAPITRE VI

APPAREIL DE L'URINATION

On l'appelle encore : *Appareil de la dépuration urinaire*, parce qu'il concourt à l'élimination de produits qui deviendraient nuisibles s'ils demeuraient dans le sang ou dans les autres parties de l'organisme, quelles qu'elles soient.

Les organes constitutifs de cet appareil, chez le mâle, sont assez exactement figurés à la **Planche V** :

69. Rein gauche;   72. Uretère;
70. Coupe du même montrant le   73. Vessie;
    bassinet;   74. Col de la vessie;
71. Rein droit;   75 et 76. Canal de l'urèthre.

Les organes urinaires de la brebis ne diffèrent de ceux du bélier qu'en ce que le canal de l'urèthre, plus court, débouche sur le plancher du vagin.

L'*urine* est un liquide jaune citrin, tenant en suspension des produits organiques impropres à la nutrition, dont la plus grande partie provient de la désassimilation des éléments azotés, telle l'urée, par exemple. L'urine renferme en outre, en dissolution, des sels et de l'acide hippurique; son principe dissolvant est l'eau qui entre pour plus de 95 pour 100 dans sa composition. Elle est sécrétée par les reins, rassemblée dans les bassinets et s'écoule par les uretères dans la vessie, d'où elle est rejetée au dehors par le canal de l'urèthre.

CHAPITRE VII

RÉSUMÉ DES PHÉNOMÈNES GÉNÉRAUX DE LA NUTRITION

Par la fonction digestive les aliments sont transformés, absorbés et prêts à fournir les éléments nécessaires à l'entretien de la vie chez l'individu adulte. Chez les jeunes sujets, ces aliments concourent tout à la fois à l'entretien de leur existence et à leur accroissement. Par la circulation les éléments nutritifs, après avoir subi, dans l'acte respiratoire, l'action de l'oxygène de l'air, vont être portés dans toutes les parties du corps où ils seront assimilés pour remplacer, le plus ordinairement, d'autres éléments devenus impropres à la nutrition et qui doivent être éliminés.

Il y a, dans les phénomènes généraux de la nutrition, deux actes en quelque sorte opposés : *l'assimilation* et la *désassimilation*. Mais comme il arrive presque toujours que les matériaux de l'assimilation sont en excès eu égard aux besoins de l'organisme, il en est quelques-uns, qui sont mis en réserve dans le sein même du sujet, justement appelés *réserves nutritives*. Il y a donc réellement trois ordres d'actes physiologiques distincts.

ASSIMILATION. — C'est cette fonction des éléments vivants grâce à laquelle les matériaux de l'alimentation deviennent partie intégrante de leur substance et participent, comme elle, des propriétés de la vie (Belzung). Mais comment s'opère cette assimilation? Là est encore l'inconnue et on ignore absolument comment se succèdent les phases de ce phénomène complexe. Ce qu'on sait seulement, c'est que les parties, devant s'assimiler, ne le peuvent qu'à la condition d'être très solubles et diluées dans un liquide essentiellement composé d'eau. On peut dire aussi que l'élément anatomique s'entretient ou s'accroît par l'assimilation de l'aliment.

DÉSASSIMILATION. — En même temps que se produit l'assimilation, qui est un phénomène de création organique, s'accomplissent des phénomènes inverses de destruction organique qui constituent la désassimilation. Assimilation et désassimilation se produisent simultanément et à chaque instant au sein des éléments vivants (Belzung).

C'est l'oxygène, introduit dans le sang par la respiration, qui est l'agent essentiel de désassimilation. Il favorise le dédoublement des matières azotées en donnant naissance à des substances nouvelles : *urée*, *acide hippurique* également azotés et à des

produits ternaires, et parmi eux la glycose, produits essentiellement nuisibles à la cellule organique et devant être éliminés par
le foie, les reins *et par les glandes sudoripares*. Les principes
non azotés ou ternaires s'oxydent également et sont rejetés sous
forme d'acide carbonique et d'eau par le poumon et par la peau.

RÉSERVES NUTRITIVES. — Deux éléments mis en réserve, sur
l'excès d'alimentation, sont particulièrement intéressants : ce sont
le *glycogène*, qui se forme dans le foie et la *graisse* qui, chez un
animal de rente comme le mouton, est très importante, puisque
le principal produit de cet animal est la chair engraissée.

La *graisse* provient essentiellement de la métamorphose chimique des principes alimentaires ternaires (fécule, sucre et,
peut-être, pour une moindre part, matières grasses). Elle provient
aussi pour une quantité appréciable du dédoublement des éléments quaternaires. On ne connaît pas les transformations chimiques que subissent les hydrates de carbone et les albuminoïdes
de l'aliment pour passer à l'état de principes gras (Belzung).

Le rôle de la graisse paraît être double. Elle est aliment de
réserve pour les périodes de jeûne pendant lesquelles elle se ré-
sorbe et alimente l'animal tout au moins en éléments respiratoires; elle est aussi un des éléments de la chaleur animale qui se
produit par son oxydation. Elle s'oppose encore, quand elle est
accumulée en abondance sous la peau, à la perte d'une certaine
partie de la chaleur normale du corps, qui doit être invariable
chez l'animal en santé.

CHALEUR ANIMALE. — Les moutons, en France, ont une chaleur constante de 36° à 37° centigrades en toute saison. Mais,
particularité assez singulière, les moutons algériens ont, d'après
Chauveau, croyons-nous, une température de 37° à 39°, ce qui,
prétend-on, les met dans une certaine mesure à l'abri des atteintes
du *sang de rate*. Cette chaleur est produite, en se maintenant
constamment au même degré, par les combinaisons chimiques
dont il vient d'être parlé, s'opérant dans l'intimité même des tissus. Elle est, en tout cas, un produit excrémentitiel (Chauveau).

CHAPITRE VIII

APPAREIL DE L'INNERVATION

Toutes les fonctions physiologiques s'accomplissent sous
l'influence du *système nerveux* ou *appareil de l'innervation*.
Il est indispensable à l'exercice régulier de tous les actes de
la vie. Il y a, en quelque sorte, deux systèmes nerveux : le
système de la vie animale ou *vie de relation* et le *système
de la vie végétative* ou *organique*. Le premier met l'individu
en relation avec le monde extérieur, le second préside aux
fonctions organiques et à l'entretien de la vie.

Seul le système nerveux de la vie de relation est figuré à
la **Planche V** :

1. Cerveau;
2. Cervelet;
3. Bulbe rachidien;
4. Moelle allongée;
5. Moelle épinière.

Du cerveau et de la moelle épinière se détachent, en très
grand nombre, des filets nerveux qui se répandent dans toutes
les parties du corps, y compris la peau. Ces filets prennent
le nom de *nerfs*.

Il y a deux sortes de nerfs de la vie animale, les uns *sensi-*

tifs et les autres *moteurs*. Il serait plus juste de dire que tous les nerfs ont deux racines, une sensitive et une motrice, qui se confondent après un très petit parcours, de sorte que les nerfs deviennent *mixtes* ou, à la fois, moteurs et sensitifs.

Le *système nerveux organique* se compose d'un grand nombre de petites masses grisâtres, ou *ganglions*, disséminées sans ordre apparent dans les cavités viscérales, ou formant une chaîne symétrique de chaque côté de la colonne vertébrale, chaîne bien visible dans les cavités thoracique et abdominale. Ces ganglions, tous reliés entre eux par des filets nerveux, sont en communication avec la moelle épinière et avec le cerveau. Des ramuscules se détachant de ces filets entourent les parois des vaisseaux et des viscères : cœur, poumon, foie, intestin, organes génitaux, etc.

RÔLE DU SYSTÈME NERVEUX. — Le système de la vie animale préside aux mouvements et à la sensibilité tactile. Le système de la vie végétative préside aux fonctions de nutrition, et a une influence prépondérante sur les organes génito-urinaires. Le mouton, comme le bœuf, paraît être un de nos animaux domestiques les moins sensibles et les plus résistants à la douleur.

CHAPITRE IX

APPAREIL DES SENS

Le mouton, de même que tous les autres animaux domestiques, a cinq sens : le *toucher*, le *goût*, l'*odorat*, la *vue*, l'*ouïe*.

Le *toucher* a son siège principal dans la peau et dans quelques-unes de ses dépendances. La *peau* est l'enveloppe pro-

tectrice de toutes les parties du corps. Chez le mouton elle est couverte de deux sortes de poils : les uns sont courts, semblables aux poils qui recouvrent la peau du cheval et du bœuf, et se trouvent sur les membres, sur la tête et dans quelques autres régions du corps où ils sont, sous le nom de *jarre*, mélangés à d'autres poils très fins, particuliers à l'espèce ovine, la *laine*. Celle-ci a bien la même structure que les poils proprement dits. Elle se présente sous l'aspect de *brins* ou filaments plus ou moins longs et plus ou moins fins, suivant les races. Le brin laineux, souvent ondulé ou frisé, a un diamètre très petit de 0,01 à 0,04 centièmes de millimètre. Ils sont plus ou moins serrés et tassés les uns contre les autres et peuvent se trouver au nombre de 50 à 60 ou 80 par millimètre carré de peau. L'ensemble des brins de laine couvrant la peau constitue la *toison*. Les onglons des pieds, les cornes frontales sont des dépendances de la peau, appelées les *phanères*. La peau est indiscontinue et se replie aux ouvertures naturelles.

Elle est formée de deux parties superposées : le *derme*, ou tissu propre de la peau, et l'*épiderme*. Le derme est assez épais et adhère, par un tissu conjonctif plus ou moins dense, aux parties profondes. Par le tannage il donne un cuir particulier, appelé *basane* dans le commerce. La face externe du derme est recouverte par l'épiderme composé de deux couches, une superficielle et une profonde. Celle-ci contient le *pigment*, ou matière colorante de la peau et des poils.

La peau est traversée par les innombrables canaux excréteurs des *glandes sudoripares*. Dans son épaisseur elle renferme des *glandes sébacées* qui, chez le mouton, fournissent une matière grasse, plus ou moins consistante suivant les races, et qui, mélangée à la *sueur*, donne une matière onctueuse et alcaline appelée *suint*. Celui-ci est d'autant plus fluide et onctueux que la toison est plus fournie.

Dans son ensemble, la peau est tout à la fois un appareil de protection, de toucher et de respiration.

Le *goût* a pour organes essentiels les *papilles*, dites *gustatives*, situées à la surface de la muqueuse de la langue.

L'*odorat* siège dans la muqueuse qui tapisse les cavités nasales.

L'œil est l'organe de la *vue*.

L'*ouïe* siège dans l'oreille et ses différentes parties. L'oreille externe ou *conque* est, selon les races ovines, plus ou moins longue et épaisse.

CHAPITRE X

APPAREIL DE LA GÉNÉRATION

Cet appareil a pour fonction la conservation et la propagation de l'espèce. Mais cette fonction ne peut s'accomplir que par le concours de deux individus, le bélier et la brebis, ayant chacun des organes différents et pouvant s'accommoder.

Les organes génitaux du mâle (1) sont seuls figurés sur la **Planche V** :

76. Pénis ;   78. Canal déférent (conduit séminal).
77. Testicules ;

Les organes génitaux de la femelle sont : les *ovaires*, correspondant aux testicules du mâle, la *trompe de Fallope* et

(1) Pour les organes génitaux de la femelle voir la *Planche V* dans le volume *Le Bœuf*.

LE MOUTON.

l'*oviducte*, l'*utérus* ou *matrice* et le *vagin*, tous logés dans les cavités abdominale et pelvienne. La *vulve*, ouverture des organes génitaux de la femelle, et le *clitoris*, situé à sa commissure inférieure, sont seuls apparents.

Les *mamelles*, destinées à fournir l'alimentation du petit pendant les premiers mois qui suivent la naissance, sont au nombre de deux et situées entre les membres postérieurs.

FONCTIONS DE L'APPAREIL DE LA GÉNÉRATION. — L'ovaire de la femelle donne l'œuf qui, à maturité, est saisi par la trompe de Fallope, pénètre dans l'oviducte et chemine vers l'utérus. A ce moment, il se passe dans l'organisme de la brebis un phénomène, appelé *chaleurs*, en vertu duquel elle est prête à accepter utilement les approches du bélier. Celui-ci est en *rut* dès qu'il sent la brebis en chaleur et il s'accouple. Cet acte, qui prend le nom de *lutte*, consiste en l'introduction du pénis du mâle dans le vagin de la femelle. Le *fluide séminal*, ou *sperme*, sécrété par les testicules, est lancé dans la cavité de la matrice. Là, la cellule spermatique progresse et va à la rencontre de l'ovule qu'elle trouve dans la cavité utérine même, ou encore dans l'oviducte et parfois seulement dans l'ovaire. Le contact de ces deux cellules primordiales constitue la fécondation de la cellule femelle par la cellule mâle, et alors commence la *gestation*.

Dès que l'ovule, œuf véritable, est fécondé, il se fixe par une membrane, le *chorion*, sur la face externe de laquelle se développent des *cotylédons* convexes qui s'engrènent avec les cotylédons concaves de la face interne de la matrice. D'autres enveloppes se forment, dans lesquelles apparaît un liquide abondant protecteur du *fœtus*, qui n'est que l'œuf en voie de développement. Ce liquide, dit *amniotique*, est renfermé dans

2

un sac membraneux appelé *amnios*. Des vaisseaux apparaissent et servent à la nutrition du fœtus, dans lequel ils pénètrent par le *cordon ombilical.*

Chaque jour, à chaque instant, depuis la fécondation jusqu'à sa constitution complète, l'œuf se développe dans toutes ses dimensions, et quand il est parfait et capable de vivre à l'air et à la lumière, son expulsion naturelle s'opère : c'est la *parturition.*

Alors commence le travail des mamelles qui, six semaines environ avant l'époque du terme de la gestation, ont augmenté de volume; la circulation y est devenue plus active, et quelques jours avant le part, elles sécrètent un liquide, le *colostrum*, qui plus tard deviendra le lait et dont la propriété est, lorsque l'agneau l'absorbera, de favoriser l'expulsion, de son intestin, des matières poisseuses, le *méconium*, qui s'y sont accumulées pendant la vie fœtale.

CHAPITRE XI

EXTÉRIEUR

On appelle *Extérieur* l'ensemble des formes et des caractères extérieurs permettant de déterminer la race et les qualités d'une espèce domestique. Les notions, fournies par l'aspect d'un animal, ne peuvent être acquises avec profit que si l'on possède déjà des éléments d'anatomie et de physiologie.

Un animal est *beau* et *bon* quand il remplit les conditions favorables à son exploitation avantageuse.

L'étude de l'extérieur est facilitée par la division du corps en trois parties principales : la *tête*, le *tronc*, les *membres;* et chacune de ces divisions présente un certain nombre de régions indiquées par des numéros sur la **Planche I**, figurant un bélier mérinos peu ou pas amélioré.

TÊTE. — Chez les animaux de l'espèce ovine, la *tête* est généralement *busquée*, ou *convexe*, rarement elle est rectiligne; en tout cas elle n'est jamais *camuse* ou *concave*. Chez la brebis et chez le mouton châtré jeune, elle est toujours plus petite et plus fine que chez le bélier. De même, dans les races à cornes frontales, le mouton et la brebis — quand celle-ci en est pourvue — les ont toujours moins développées que le bélier.

La tête est située à l'extrémité antérieure de l'encolure et figure un tronc de pyramide irrégulier à grande base supérieure. Elle est toujours plus volumineuse chez les sujets de race commune, non améliorés, que chez les types précoces. La finesse et l'exiguïté de la tête indiquent toujours que l'animal donnera un rendement important en viande nette.

La *tête* présente les régions suivantes :

1. Chignon ou sommet de la tête;
2. Naissance des cornes;
3. Cornes;
4. Oreille;
5. Front;
6. Chanfrein;
7. Narines;
8. Bouche et lèvre supérieure;
9. Menton;
10. Gorge;
11. Joue;
12. Œil et paupière;
13. Larmier.

Le *front* est généralement convexe chez le mouton, quelquefois presque plat. La conformation de cette région varie avec les races. Le front supporte les *cornes* chez les races pourvues de ces appendices. Les cornes sont contournées en spire et portent des anneaux tuberculeux et striés plus ou moins finement selon la finesse même du brin de laine.

Le *chanfrein*, plus ou moins busqué, fait avec le front une ligne assez régulièrement convexe et se rapprochant plus ou moins de la droite. Il est aussi plus ou moins large ou étroit. Cette région, avec ses conformations différentes, nous fournira encore quelques caractères ethniques.

Les *oreilles* sont plus ou moins larges, minces ou épaisses. Elles sont dressées chez certaines races; chez d'autres elles sont horizontales et même parfois tombantes. Elles sont couvertes de poils fins et peuvent présenter des traces de pigmentation qu'on rencontre également au *bout du nez* et sur les *lèvres* minces et mobiles.

TRONC. — Le tronc présente les régions suivantes :

14. Nuque;
15. Cou;
16. Partie inf^e de l'encolure;
17. Fanon ou cravate;
18. Garrot;
19. Dos;
20. Reins;
21. Côtes;
22. Poitrail;
23. Poitrine;
24. Ventre;
25. Flanc;
26. Creux du flanc;
27. Hanche;
28, 29. Croupe;
30. Queue;
31. Bourses;
32. Fourreau.

Le *cou* est généralement assez court chez le mouton amélioré; il est long et grêle chez le mouton commun. Ces caractères varient avec les races.

Le *garrot* et le *dos* se confondent. Ils sont épais et rectilignes chez les races améliorées. Parfois, chez les sujets communs, le garrot est saillant et le dos est un peu ensellé.

MEMBRES. — Les *membres* sont appelés membres antérieurs et postérieurs.

Membre antérieur,
33. Épaule;
34. Pointe de l'épaule;
35. Avant-bras;
36. Coude;
37. Genou;
38. Canon;
39. Boulet;
40. Paturon;
41. Couronne;
42. Pied et onglons;
Membre postérieur.
43. Cuisse;
44. Articulation de la cuisse;
45. Grasset;
46. Jambe;
47. Jarret;
48. Pointe du jarret.

Les parties inférieures du membre postérieur sont analogues à celles indiquées, au-dessous du genou, pour le membre antérieur.

Les membres sont toujours assez fins chez le mouton. On trouve des animaux à membres longs et grêles, d'autres avec des membres volumineux. C'est ainsi, par exemple, que les animaux de race mérine ont les membres assez grossiers avec une conformation particulière du jarret.

Toute la région de la cuisse, de la croupe au jarret, donne le *gigot* qui doit toujours être très épais et fortement musclé aussi près que possible du jarret. (Voir la fig. 23.)

CHAPITRE XII

LES SIGNALEMENTS

Un *signalement* comprend l'ensemble des caractères permettant de distinguer un animal d'un autre de même espèce, de même race, de même famille ou d'espèce, de race et de famille différentes.

Pour l'espèce ovine, rien n'est simple comme un signalement, dans lequel on n'a qu'à indiquer la nuance, l'aspect et la qualité de la *toison*, le *poids moyen* et la *taille* et enfin l'*âge* de l'individu.

Nous verrons, en étudiant chaque race, la taille et le poids moyen qui peuvent servir à sa détermination.

Quant à la *toison*, il en sera question dans l'étude des races et dans celle de la production spéciale de la laine.

CONNAISSANCE DE L'ÂGE. — La valeur intrinsèque et commerciale d'un mouton varie avec son âge; d'où la nécessité de pouvoir l'apprécier assez exactement chez les animaux mis en vente ou exposés dans les concours. Toutefois la période de la vie des animaux de l'espèce ovine, pendant laquelle on a intérêt à reconnaître l'âge, n'a pas une bien longue durée. Pour les animaux de boucherie, la limite extrême est 2 ans à 2 ans et demi; pour les brebis-mères entre 3 à 4 ans au plus et pour les béliers de race précieuse la limite peut aller jusqu'à 5 ans. C'est par les dents que se juge l'âge du mouton. Mais nous ne donnerons les caractères chronométriques que d'après les dents incisives; l'appréciation par les dents molaires, étant beaucoup plus difficile, donne moins de certitude.

DENTS. — Le mouton, comme les autres espèces domestiques, a deux dentitions. La première part de la naissance et va jusqu'à l'époque où les premières dents, *dents de lait* ou *dents caduques*, font place aux *dents persistantes*, *dents de remplacement* ou *dents de seconde dentition*.

Les *incisives* n'existent qu'à la mâchoire inférieure; elles sont au nombre de *huit*. A la mâchoire supérieure, elles sont remplacées par un *bourrelet gingival*, à base résistante, sur lequel viennent appuyer les bords libres des dents. Chez le mouton, les incisives solidement implantées dans l'os maxillaire, sont dres-

sées et forment, avec le bourrelet gingival, une véritable pince. On les distingue, d'après leur situation relative, en *pinces*, placées au milieu de l'arcade; en *premières mitoyennes*, immédiatement contiguës aux précédentes; celles qui suivent s'appellent *secondes mitoyennes* et le nom de *coins* est donné à celles qui sont placées aux extrémités de l'arc.

Ces dents présentent deux parties : la *racine* enchâssée dans

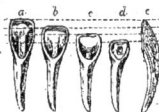

Fig. 1.
a, dent vierge d'usure; *b*, dent nivelée; *c*, dent rasée; *d*, table avec l'étoile dentaire; *e*, profil.

l'alvéole et ayant au moins un tiers de la longueur totale de la dent, et la *couronne* un peu aplatie d'avant en arrière. Il n'y a pas, à proprement parler, de *collet* séparant la racine de la couronne. Celle-ci a trois bords : un interne convexe, un externe concave et un supérieur tranchant. C'est sur ce dernier que se marquent les degrés de l'usure qui nous donneront les caractères des âges. La racine creuse est remplie par une pulpe qui s'ossifie de bonne heure. La dent est constituée par une substance dure, l'*émail*, qui est extérieure et par une autre de nature osseuse, l'*ivoire*, qui forme le reste de l'organe.

Par l'usure du bord libre, l'émail disparaît et laisse voir l'ivoire qui s'use également. La dent est *nivelée* quand l'émail est usé, et elle est *rasée* quand l'ivoire s'use à son tour. Par cette usure le bord libre devient une véritable surface légèrement concave appelée la *table* de la dent (fig. 1). A mesure que l'animal vieillit, la table s'élargit et laisse voir l'*étoile dentaire*, qui n'est que l'ivoire de nouvelle formation provenant de la pulpe ossifiée de la racine.

Les dents de première dentition affectent les mêmes formes que les dents de remplacement, que nous venons de décrire ; elles sont seulement beaucoup plus petites.

INDICATIONS FOURNIES PAR LES DENTS. — Ces indications sont les suivantes :

1° Apparition des incisives de première dentition ;
2° Régularité de l'arcade incisive dite au *rond* ;
3° Usure de ces premières dents ;
4° Chute des incisives caduques et éruption des dents persistantes ;
5° Régularité de l'arcade incisive qui est au *rond* ;
6° Nivellement et rasement des persistantes ;
7° Formes successives de la table et de son étoile dentaire ;
8° Raccourcissement des dents.

CARACTÈRES DES DIFFÉRENTS AGES. — L'agneau naît presque toujours sans dents apparentes bien que, sous la gencive, on

Fig. 2.   Fig. 3.   Fig. 4.

perçoive au toucher les pinces et les premières mitoyennes prêtes à se montrer.

A 25 jours toutes les incisives sont poussées ;

A 3 mois l'arcade est au *rond* ;

Le nivellement et le rasement de ces premières dents est fort irrégulier et ne saurait donner d'indices précis.

Entre 3 et 5 mois l'agneau est dit *gandin* ou *agneau gris*.

De 15 à 18 mois, chute et remplacement des pinces ; l'animal est dit *antenais* ou *antenaise* selon son sexe (fig. 2).

A 2 ans chute et remplacement des premières mitoyennes ; le sujet est alors dit : *bélier, mouton ou brebis* (fig. 3).

De 3 ans à 3 ans 1/2, chute et remplacement des secondes mitoyennes (fig. 4).

De 4 ans à 4 ans 1/2, chute et remplacement des coins.

A 5 ans, l'arcade est au *rond*. L'étoile dentaire se montre dans les pinces.

A 6 ans, les pinces et les premières mitoyennes perdent leur solidité. Toutes les dents sont noires dans la plus grande partie de leur face antérieure.

Entre 4 et 6 ans, apparaît la *queue d'hirondelle*, ou entaille, qui se produit entre les pinces chez les animaux qui paissent des herbes sèches et très dures.

Fig. 5.

Les caractères fournis par l'évolution des dents varient parfois beaucoup avec les races et leur degré de précocité. Le tableau suivant emprunté au *Traité de l'âge des animaux domestiques* de Cornevin et Lesbre, montre bien les différences dont nous voulons parler :

PINCES		1ʳᵉˢ MITOYENNES		2ᵐᵉˢ MITOYENNES		COINS	
Animaux précoces.	ordinaires.	précoces.	ordinaires.	précoces.	ordinaires.	précoces.	ordinaires.
12 mois.	15 mois.	18 mois.	21 mois.	27 mois.	30 mois.	3 aus.	3 ans 1/2.

Il faut dire aussi que, d'une manière générale, chez toutes les races ovines, même chez celles paraissant le moins améliorées, l'évolution des dents paraît plus hâtive qu'elle ne l'était il y a trente à quarante ans.

La figure 5 de la page 21 montre la façon d'examiner l'âge du mouton.

IRRÉGULARITÉS DENTAIRES. — Il peut se produire quelques irrégularités, dans la chute et dans le remplacement des dents de première dentition, pouvant tromper sur l'âge exact du sujet examiné. De même des dents peuvent être cassées accidentellement et produire des brèches dans l'arcade incisive. Avec un peu d'attention on peut éviter les erreurs qui, dans aucun cas, ne peuvent être bien graves.

ÂGE DU MOUTON PAR LES CORNES. — Girard est arrivé par de longues et patientes observations à déterminer, très approximativement, l'âge de *moutons mérinos* par les cornes. Mais cette connaissance n'a pas en réalité grand intérêt pratique, parce que, d'une part, beaucoup de races ovines n'ont pas de cornes et que, d'autre part, il est des races cornues chez lesquelles cet appendice ne pousse que chez les mâles, les femelles en étant toujours dépourvues.

DEUXIÈME PARTIE

RACES OVINES, PRODUCTION, EXPLOITATION

CHAPITRE PREMIER

ORIGINES ET DOMESTICATION DU MOUTON. DÉTERMINATION DES CARACTÈRES DES RACES

ORIGINES ET DOMESTICATION DU MOUTON. — Le mouton fut, avec le chien, un des premiers animaux domestiqués par l'homme, primitivement pasteur. C'était bien en effet, au berceau de l'humanité, l'animal le mieux fait pour s'accommoder de la vie nomade de l'homme. Celui-ci ne savait pas encore travailler, allait chaque jour, et parfois très loin, chercher sa propre nourriture et des pâturages pour ses troupeaux.

Les Hébreux et, plus tard, les Grecs, les Romains, les Gaulois entretenaient de nombreux troupeaux de moutons et se faisaient honneur de la production et de l'élevage de cet animal.

Les origines du mouton domestique sont très obscures. Des naturalistes le font descendre du mouflon d'Europe (ovis musimon); d'autres pensent qu'il a des origines multiples. C'est ainsi que quelques-uns disent que nos races à longue queue et à cornes plates dérivent de l'argali des steppes, mouflon argali (ovis arkal), qui aurait vécu à la période post-glaciaire, dans l'Europe centrale. D'autres enfin prétendent que le mouton descend de formes diluviennes aujourd'hui disparues. Mais si le mouton paraît être moins ancien que la chèvre (ovis capra), on le trouve néanmoins avec elle dans les habitations lacustres.

Quoi qu'il en soit, il est certain que par le squelette en général et par le crâne en particulier, le mouton a la plus grande ressemblance anatomique avec quelques espèces de mouflon. Il paraît aussi que l'accouplement du mouflon avec la brebis donne des produits féconds; ce qui indique que ces deux types sont de la même espèce zoologique.

Comme le mouton jouit d'un organisme assez malléable, rien ne s'oppose à admettre qu'il se soit transformé avec les divers milieux dans lesquels il a vécu, depuis son origine, et aussi avec les progrès de l'agriculture quand, cessant d'être pasteur, l'homme est devenu cultivateur. Cette question de l'origine du mouton n'a sans doute que peu d'intérêt pour les praticiens.

DÉTERMINATION DES CARACTÈRES DES RACES. — Le mot race, un des mots de la langue française les plus difficiles à définir, est un de ceux auxquels on a attribué le plus de significations différentes. Il y a peu d'accord sur la signification attribuée à cette expression. Tandis que pour les uns la race est susceptible de se modifier au point d'arriver à constituer une espèce (Topinard, Baron, Railliet, Cornevin, Belzung, Dechambre); pour les autres, au contraire, la race se perpétue avec les caractères qui lui ont été attribués à l'origine par le Créateur (Linnée), ou se perpétue avec les caractères qu'elle possédait quand elle est apparue sur le globe terrestre (de Quatrefages, Sanson).

Nous donnons quelques définitions de la race, parmi celles qui doivent satisfaire toutes les opinions.

Selon M. A. Sanson, la race ne serait que la « descendance d'un couple primitif ». Cette définition ne tient aucun compte des influences certaines modifiant et transformant l'individu et sa descendance. L'auteur néglige également les influences multiples exercées par l'homme. Il n'y aurait pas de variations possibles; c'est précisément le contraire qui a lieu.

MM. Rossignol et Dechambre ont donné une définition de la race, qui satisfait à l'idée que les praticiens se font de ce groupe d'animaux de même espèce : « La race est, dans l'espèce, un groupe défini formé par l'influence des milieux et de l'homme et dont les caractères sont rigoureusement transmissibles par hérédité. » Dans sa *Zootechnie générale*, le professeur Dechambre a rendu plus précise encore cette définition en disant : « Nous considérons en dernière analyse la race comme un *groupe subspécifique, dont les caractères, acquis sous des influences naturelles ou l'action de l'homme, sont transmissibles héréditairement.* »

« Les éleveurs, a dit Cornevin, dans leur langage n'emploient guère que deux termes : ceux de *race* et de *sous-race*, et ils les appliquent plutôt à l'appréciation des caractères qu'à la filiation qu'ils considèrent comme trop sujette à hypothèses. Quelques zootechnistes, Magne et Tisserant entre autres, avaient adopté

cette manière de parler qu'il n'y a pas d'inconvénient à conserver et que nous emploierons aussi. » C'est également notre avis, partagé par beaucoup de savants et de praticiens.

MM. Rossignol et Dechambre disent qu'une classification *économique* des animaux domestiques basée sur les aptitudes, les « *vocations* », aurait l'avantage de ne tenir compte d'aucun esprit de doctrine et de donner aux animaux des qualificatifs tirés exclusivement de la fonction qu'ils remplissent.

Voici les divers systèmes et méthodes de classification des races et de leurs dérivés :

Magne classait les races ovines en quatre groupes d'après la finesse de la laine et les caractères généraux de la toison. C'est ainsi qu'on avait :

1° les moutons à laine grosse;
2° — laine commune;
3° — laine intermédiaire et à laine fine;
4° — laine extra-fine.

M. Sanson ne tient que très peu compte des pigmentations cutanées et de l'état des phanères. Il a cependant établi que la longueur, la finesse, les ondulations du brin de laine, la forme de la mèche, la qualité du suint pouvaient être utilisées pour caractériser, secondairement, une race déterminée. Il a établi deux types de races d'après les dimensions du crâne, qui peut être long ou court, et il a fait respectivement ainsi des *dolichocéphales* et des *brachycéphales*. Pour déterminer ces dimensions, M. Sanson compare la distance qui sépare la base des deux oreilles à celle qui sépare la base de l'oreille de l'angle externe de l'œil du même côté. La direction de la cheville osseuse supportant la corne, l'amplitude de ses tours de spire,

sont données pour des caractères de grande valeur dans la détermination des races cornues, ainsi que la saillie plus ou moins
accusée de l'arcade orbitaire. La ligne fronto-nasale, la largeur
des os du nez donnant une face plane ou convexe et plus ou
moins large sont aussi de précieux indices. Nous emprunterons
au système Sanson les caractères suivants : la longueur et la
brièveté du crâne; la direction et la torsion des cornes; la rec-
tilignité et la convexité de la face; la forme, l'ampleur et le
port des oreilles; la largeur de l'arcade incisive qui fait la
bouche grande ou petite.

Le professeur Baron, puis MM. Rossignol et Dechambre considèrent le poids moyen de l'animal comme un caractère important.
Ils ont ainsi appelé *ellipométriques* les animaux du poids moyen
de 40 kilogrammes et au-dessous; *eumétriques* ceux qui pèsent
de 50 à 90 kilogrammes; *hypermétriques* ceux du poids de 90
kilogrammes et au-dessus. Nous utiliserons sans doute ces
caractères et ceux aussi indiqués par les mêmes auteurs et fournis
par l'ampleur des formes longues, hautes et larges, ce qui donne
des *longilignes*, des *brévilignes* et des *médiolignes*. Quant au
profil, il paraît toujours être convexe ou presque rectiligne.

Cornevin a très judicieusement utilisé, dans l'étude des races,
les caractères les plus divers, ne rejetant rien de parti pris.
C'est ainsi qu'il trouve dans la peau, suivant son épaisseur, sa
finesse, sa souplesse, son amplitude, des caractères utiles : les
cravates et les plis, par exemple. La toison, par la disposition
des mèches et par les caractères des brins de laine, lui fournit
des indices. Quand la toison est formée par des mèches poin-
tues, peu serrées, on la dit *ouverte*: elle est *fermée* ou *tassée*
lorsque ces mèches sont carrées et pressées, et elle est *semi-
ouverte* dans le cas de disposition intermédiaire.

Il est encore beaucoup d'autres caractères secondaires pouvant
être utilisés concurremment avec ceux qui précèdent. Comme il
s'agit ici d'une étude de vulgarisation et de pratique et que la
production de la viande joue, en ce moment, le plus grand rôle
dans l'exploitation du mouton, nous adopterons un système
mixte de classification, sans négliger plus la production lainière
que même la production laitière de la brebis.

Nous passerons successivement en revue les *petites*, les
moyennes et les *grandes* races.

CHAPITRE II

RACES OVINES

Petites races (ellipométriques).

RACE BERRICHONNE (fig. 6). — C'est une variété importante de
la *race du bassin de la Loire*. Le mouton berrichon est dolichocéphale avec un front étroit, convexe et
sans cornes; l'arcade incisive est petite,
la face est étroite. Il est de petite taille,
0m,50 à 0m,60 centimètres. La tête est
fine et généralement nue; le profil est un
peu convexe; le cou court et grêle, le
corps rond; le gigot épais est assez descendu, les membres grêles sont dépourvus de laine. La toison courte, donnant
une laine demi-fine et douce, pèse de 1 k. 500 à 2 kilogrammes.
Le type berrichon pur a à peu près disparu par suite de croisements divers.

Il y avait, en remontant à vingt-cinq ans, encore quelques

Fig. 6.

variétés de la race berrichonne. On les rencontre rarement aujourd'hui à l'état de pureté. Tels les moutons de *Champagne*, de *Bois-Chaud*, de la *Brenne* et de *Crevant*.

On trouve le mouton de *Champagne* dans le département de l'Indre, aux environs d'Issoudun, de La Châtre et de Chateauroux. C'est encore le meilleur type berrichon.

Dans les environs de Bourges existe le mouton de *Bois-Chaud*, de taille plus élevée, avec la laine assez commune.

Dans les régions un peu marécageuses du Cher et de l'Indre se voit le mouton *de la Brenne*, petit et moins fin que les deux précédents; sa toison peu fournie a un brin dur et sec. Par sa tête et ses membres roux il est l'intermédiaire entre le Berrichon et le Solognot.

Quant au mouton de *Crevant*, qui se trouvait aux environs de La Châtre, il n'existe presque plus.

Au point de vue de la viande, la race berrichonne est peut-être la meilleure de nos races françaises. Ces moutons ont une viande exquise avec un rendement important dû à la finesse du squelette.

On améliorerait facilement la race par une sélection rigoureuse et suivie; car les croisements divers, auxquels elle a été soumise, ont démontré que l'atavisme se manifeste de son côté, à raison de l'ancienneté et de la fixité de ses caractères.

Trouve-t-on aujourd'hui des berrichons purs? Dans les concours, les exposants présentent des moutons de la *Charmoise*, qu'ils font passer pour des berrichons. D'ailleurs les mêmes animaux, selon le siège des concours, figurent comme moutons de la Charmoise, ou comme berrichons.

Quoi qu'il en soit, le berrichon est un sujet robuste, sobre, mais maraudeur, voleur, qui trouve sa vie dans des pâtures pauvres où d'autres animaux mourraient de faim. Il ne redoute pas la sécheresse et guère plus l'humidité.

RACE SOLOGNOTE. — Le mouton solognot ressemble beaucoup à un berrichon défectueux; ce qui donne raison à M. Sanson pour qui cette race n'est qu'une variété de la race du Bassin de la Loire.

La taille va de 0^m,40 à 0^m,60 centimètres. La tête, un peu longue, nue, avec le profil droit, est pigmentée d'un roux brillant, de même que les membres longs et grêles (type longiligne). La toison courte, à brins durs et grossiers et légèrement grisâtre ou roussâtre, ne s'étend pas sous le ventre.

La Sologne et le Gâtinais sont peuplés d'animaux de cette sorte. On les trouve surtout aux environs de Montargis (Loiret), de Romorantin (Loir-et-Cher).

Le solognot robuste ne redoute pas l'humidité. Il s'engraisse dans tous les pâturages, pourvu qu'il ait de l'espace. Sa viande excellente est, pour les gourmets, inférieure à celle du berrichon. Ce mouton profite mieux qu'aucun autre des bonnes conditions d'hygiène dans lesquelles il peut être placé. Il se développe, grandit et augmente de poids rapidement avec une bonne nourriture. C'est le meilleur moyen, avec la sélection, de l'améliorer.

Nous connaissons de bonnes bergeries bien tenues où le croisement southdown-solognot a donné des résultats très satisfaisants.

Le *mouton gâtinais*, que l'on considère comme formant une *race gâtinaise*, paraît être un métis composite de berrichon, de solognot et de mérinos. C'est un animal qui réussit bien dans la région appelée le *Gâtinais*.

RACES MARCHOISE, AUVERGNATE ET LIMOUSINE (fig. 7). — Nous décrivons ces trois prétendues races sous une rubrique commune parce qu'elles paraissent bien avoir la même origine.

Fig. 7.

Toutes trois brachycéphales, elles sont, d'après M. Sanson, de simples variétés de la *Race du Plateau central*. Elles présentent les caractères communs suivants : Front large et un peu convexe; quand les chevilles osseuses existent — chez les mâles seulement — elles sont minces, déliées, en spire serrée. Les arcades orbitaires sont peu saillantes; le larmier est peu profond; l'arcade incisive est petite; la face est courte, triangulaire, à large base supérieure.

Le *Marchois*, dont le poids moyen est de 20 kilogrammes, a à peine 40 centimètres de taille. La tête fine porte souvent des cornes. Les oreilles sont droites, le cou grêle et les membres courts et fins. La face, dépourvue de laine, est blanche avec taches brunes, rousses ou noires qu'on retrouve sur les membres. La laine grossière est longue. La toison peu fournie ne pèse pas plus de 500 grammes.

Le département de la Creuse est peuplé de ce mouton qui est un bon sujet de boucherie, bien conformé. Le gigot en est très délicat.

On améliorerait facilement cet animal par la sélection et l'alimentation abondante.

C'est ce qui s'est produit pour un de ses dérivés, le *mouton bourbonnais* si recherché et atteignant aujourd'hui le poids de 30 à 35 kilogrammes.

L'*Auvergnat*, un peu plus grand, peut atteindre 45 à 50 centimètres de taille. Il est plus étroit et a moins d'ampleur que le marchois. La toison grossière est noire, rousse ou grise, jamais blanche. Les membres et la tête sont toujours marqués de roux ou de noir.

Les auvergnats, connus à Paris sous le nom de *Bizets*, se rencontrent dans le Puy-de-Dôme, le Cantal et la Haute-Loire. Ces moutons n'ont pas la qualité de viande désirée, facile à leur donner par la nourriture et l'hygiène.

La *race limousine* serait une population métisse dérivée des races berrichonnes, marchoise et poitevine. La laine est grossière et la toison d'un faible poids. Mais la viande est très bonne. Les limousins sont encore appelés : *moutons de Faux*.

RACE BRETONNE. — Le mouton breton, de 40 à 45 centimètres, paraît être un dérivé du berrichon auquel il ressemble. La tête nue porte quelquefois des cornes. Les membres nus sont très fins. La toison, très grossière et dure, est noire, brune ou grise. On le rencontre dans toute la Bretagne et sur les côtes de l'Océan. Dans la Manche il prend le nom de *Pré salé* et il a un peu plus de taille. Ce dernier a une viande exquise, très recherchée. Mais le breton donne une viande à goût de venaison.

On pourrait améliorer la race bretonne par la sélection et par l'alimentation.

RACE DE CORSE. — L'île de Corse possède, dit-on, une petite race ovine que nous ne connaissons pas. Les animaux pèsent 15 à 20 kilogrammes. La laine est grossière, mais la viande est savoureuse. Les femelles sont bonnes laitières et exploitées en vue de la fabrication du fromage. Le lait fournit une crème appelée *broccio* (Ottavi).

La Corse, disent Rossignol et Dechambre, produit, élève et entretient 250.000 moutons.

RACE SOUTHDOWN. — Cette race, le type de la *race des Dunes*, (fig. 8) est originaire des dunes du sud du Comté de Sussex, en Angleterre. Agrandie, elle atteint parfois aujourd'hui la taille de 65 centimètres. Elle est brachycéphale.

La tête est moyenne, à front plat et large, sans cornes, à chanfrein presque droit. L'oreille courte est relevée. Le col court est épais, comme le garrot. Le dos, les reins et la croupe sont amples. Le gigot épais descend jusqu'au jarret. Les membres fins sont assez courts. La face,

Fig. 8.

dépourvue de laine, est couverte de poils fins, noirs et bruns ainsi que les membres. La toison grisâtre, descend au genou et au jarret; elle est à brins courts, d'une finesse moyenne et pèse de 2 à 3 kilogrammes.

Ce mouton, très précoce, donne une chair appréciée. Par le croisement avec le berrichon on obtient des animaux recherchés par la boucherie. Sa conformation est parfaite. Cet animal redoute, en France, les sols humides et il est exigeant pour sa nourriture qui doit être abondante et succulente; sans quoi il périclite. Le southdown, comme ses dérivés par croisement, n'est pas à recommander à la petite ou à la moyenne culture.

Signalons seulement des types analogues au southdown, tels que le *Hampshiredown*, l'*Oxfordshiredown* et le *Blackfaced*, qui n'ont que peu d'intérêt pour le lecteur.

Races moyennes (eumétriques).

RACE MÉRINOS (fig. 9, 10 et 12). — La race mérinos ou mérine est la plus importante de toutes les races ovines, à raison de l'immense étendue des territoires occupés. Nulle autre race ne compte autant de sous-races. Elle est intéressante par le rôle qu'elle a joué depuis sa première importation en France vers 1750.

Cette race est dolichocéphale. Le front est convexe en tous sens; les arcades orbitaires sont effacées. Le chanfrein légèrement convexe est large jusqu'au bout du nez qui est mousse. La bouche est grande à raison de l'arcade incisive large.

Fig. 9.

La tête a l'aspect massif, accentué encore par les plis de la peau existant toujours en travers du chanfrein. Les cornes très fortes sont triangulaires à la base, contournées en spirale plus ou moins rapprochée des joues et terminées en une lame mousse. Presque toujours les cornes

Fig. 10.

manquent chez les femelles et chez les mâles de quelques variétés. L'oreille courte, large, horizontale, passe au milieu des spires des cornes. Le squelette est fort, les membres sont gros, les jarrets larges. Ceux-ci présentent une disposition unique particulière à cette race et que décrit ainsi M. A. Sanson : « Cette disposition consiste en ce que l'articulation du jarret, plus large que dans aucune autre race, et aussi celle du boulet, écartent les tendons fléchisseurs de la face postérieure du métatarsien principal, ce qui élargit la région du canon, et donne à la station du membre un aspect particulier et absolument caractéristique (fig. 11). » Les pieds sont larges. Le col est court et gros, le garrot saillant, le dos souvent creux; la croupe est large et oblique. La toison lourde et tassée est tout à fait spéciale à la race mérinos. Elle est très étendue et recouvre le corps depuis le bout du nez jusqu'aux onglons. Les mèches, composées de brins plus ou moins longs, sont ordinairement carrées. Le brin, dont le diamètre varie de 1 à 3 centièmes de millimètre, est très onduleux. Le poids de la toison va de 1 à 6, 7 et 8 kilogrammes. Primitivement la toison d'une brebis de Rambouillet pesait 1 kilogramme. Nous avons eu en notre possession un bélier de cette variété donnant le poids de 9 kilogrammes d'une laine superbe. La peau très étendue est riche en follicules sébacés donnant un suint jaunâtre, citrin, onctueux et assez fluide. Cette peau, à raison même de sa surface excessive, présente de nombreux plis surtout dans la région du cou où ils forment des *cravates*. On ne les voit plus dans les variétés améliorées. Aucune race ne donne une laine aussi fine, aussi souple, aussi élastique et aussi résistante.

Sauf chez les variétés améliorées, la viande a un goût de suint qui la fait peu estimer. La race n'est pas précoce; les moutons ne peuvent être livrés à la boucherie qu'à l'âge de deux ans.

Le mérinos redoute surtout l'humidité et contracte facilement, dans les contrées où le sol et l'atmosphère sont humides, la *pourriture ou cachexie aqueuse*.

Aucune race n'occupe une plus grande surface du globe que la race mérinos qui se rencontre dans presque toutes les contrées du monde. Le mérinos a été transplanté partout, avec des fortunes différentes tenant à sa susceptibilité à l'égard de l'état hygrométrique du sol et de l'atmosphère.

En 1775, Daubenton amena le mouton *mérino* (maroheur, errant) d'Espagne en Bourgogne et l'installa dans son petit domaine de Montbard. Par suite du traité de 1796, la France put introduire annuellement 100 béliers et 1.000 brebis que l'Espagne s'était engagée à lui livrer. On créa alors, sur divers points de notre pays, une dizaine de bergeries d'État qui toutes, sauf celle de Rambouillet, disparurent successivement.

La race compte un grand nombre de sous-races, dont nous ne verrons que les principales; mais toutes ont des caractères tellement accusés qu'elles rappellent le type décrit et qu'il est presque impossible de ne pas en reconnaître l'origine. C'est ainsi qu'on distingue les sous-races algérienne, espagnole, italienne, du Roussillon, de la Crau, de Naz, de Rambouillet, d'Allemagne, d'Autriche-Hongrie, de Russie, du Châtillonnais et du Tonnerrois, de la Champagne, du Soissonnais, de la Brie, de la Beauce, de Mauchamps et enfin les variétés dites précoces. Nous ne nous arrêterons qu'à celles qui offrent un intérêt pratique immédiat pour notre élevage.

Mérinos du Roussillon et de la Crau. — Ces deux types très semblables ne diffèrent que par le volume et par le poids. Le mouton de la Crau, ou *mouton provençal*, est plus fort que celui du Roussillon. Mais tous deux ont la plus grande ressemblance avec leur ancêtre espagnol.

Aux environs d'Arles on trouve des troupeaux bien soignés et en voie de perfectionnement. La laine n'est pas très fine, le brin a un diamètre de 2 à 3 centièmes de millimètre. Le poids de la toison ne dépasse pas souvent 3 kilogrammes ; le poids vif moyen des sujets est de 40 kilogrammes.

Ce sont les béliers de la Crau qui s'acclimatent le mieux en Algérie et qui ont contribué à l'amélioration des laines des moutons africains.

Mérinos de Rambouillet. — Cette sous-race a-t-elle des caractères particuliers ? Nous le croyons d'autant moins que les sujets présentent au plus haut degré ceux de la race. Tous les animaux de la Bergerie nationale de Rambouillet ont conservé les cornes ; ils ont des cravates et, parfois, des plis sur toute l'étendue de la peau, surtout aux épaules et aux cuisses. La laine des plis est toujours moins fine, moins ondulée, en tenant compte bien entendu de la situation, sur le corps du sujet, de la laine considérée.

C'est vers la fin de l'année 1786 que Daubenton installa à Rambouillet 318 brebis, 41 béliers et 7 moutons conducteurs amenés d'Espagne. De 1796 à 1800, de nouveaux sujets purs furent introduits au nombre de quelques milliers, comprenant un dixième de mâles.

Si ce mérinos a bien conservé les caractères zoologiques des premiers types, il a beaucoup gagné sous le rapport du rendement en viande et en laine par la sélection et les soins dont il a été l'objet. En arrivant, les animaux pesaient en moyenne de 30 à 40 kilogrammes ; la toison des béliers pesait $3^k,400$ et celle des brebis $3^k,200$. Dès 1802, les béliers pesaient en moyenne $65^k,500$ et les brebis $48^k,333$; en 1804, les béliers donnent $3^k,780$ de laine et les brebis $3^k,690$; en 1813 le rendement des béliers atteint $4^k,300$. En 1817, le poids moyen des toisons arrive à $4^k,280$ pour l'ensemble du troupeau (Rossignol et Dechambre d'après Bernardin). La progression ne s'est pas arrêtée

là, puisque M. Bernardin signale qu'en 1847 le poids moyen des béliers était de $95^k,400$ et celui des femelles $56^k,980$, avec des toisons de $5^k,517$ et $3^k,924$.

Mérinos du Châtillonnais et du Tonnerrois. — Les arrondissements de Châtillon-sur-Seine et de Semur, dans la Côte-d'Or, celui de Tonnerre dans l'Yonne, ceux de Bar-sur-Seine et de Bar-sur-Aube dans l'Aube, ceux de Chaumont et de Langres dans la Haute-Marne étaient, il y a quelques années, plus particulièrement peuplés de cette sorte de moutons. Ceux-ci ont eu pour origine le troupeau de mérinos amené à Montbard par Daubenton ; et c'est par croisement continu avec la race locale que le type actuel a été créé.

La taille varie de 55 à 65 centimètres ; le corps est ample et les membres sont courts. Le squelette est relativement léger ; les cravates et les plis sont presque disparus. La toison modérément tassée est homogène, à mèches de 7 à 9 centimètres de longueur. Le brin fin, élastique, résistant et ondulé, n'a pas plus de 2 centièmes de millimètre de diamètre. Les animaux ont un poids vif moyen de 45 à 50 kilogrammes ; la viande bonne à peu ou pas le goût de suint.

Les mérinos des environs de Châtillon et de Tonnerre, bien que délicats quand ils sont élevés dans les vallées humides, réussissent à merveille sur les hauteurs à sous-sol perméable.

Mérinos de la Champagne. — On le rencontre dans les arrondissements de Nogent-sur-Seine et d'Arcis-sur-Aube du département de l'Aube, dans la Marne, la Haute-Marne et les Ardennes.

Rien ne distingue réellement cette variété mérinos de la sous-race du Châtillonnais, si ce n'est son moindre volume observé dans les plaines crayeuses. La toison paraît aussi toujours plus blanche et plus propre que sur tous les autres mérinos.

Mérinos du Soissonnais. — Les caractères de cette sous-race sont, dit M. A. Sanson, assez accusés pour constituer une variété nettement tranchée de mérinos. Mais c'est surtout dans cette région du département de l'Aisne constituée par une partie de chacun des arrondissements de Laon, de Soissons et de Château-Thierry, par la partie est de l'Oise, que se rencontre cette variété. A l'est et au sud de cette région, le soissonnais se confond avec le champenois et avec le briard.

Le mouton soissonnais, d'une taille de 80 centimètres, a le squelette massif, avec une grosse tête pourvue de cornes longues en double spirale éloignée de la tête. La peau présente de larges plis. Ces caractères disparaissent à mesure que les sujets s'affinent en devenant plus précoces. Nul autre mérinos n'a la laine aussi fine et la mèche aussi longue. Les femelles pèsent environ 65 kilogrammes et les béliers 100. Un mouton pèse en moyenne 70 kilogrammes. La viande est très appréciée.

Mérinos de la Brie. — Cette variété était beaucoup plus défectueuse il y a vingt ans qu'aujourd'hui. Ce mérinos, ordinairement pourvu de cornes, a la taille de 80 centimètres et plus, son poids moyen atteint 100 kilogrammes pour le bélier et 70 pour les femelles. Le corps est assez rond avec des membres forts et courts; la peau a peu de plis. La toison, avec un brin de 2 à 3 centièmes de millimètre de diamètre, pèse 5 kilogrammes.

Mérinos de la Beauce. — Aucune variété française n'est aussi mal conformée : tête grosse, busquée et très plissée sur le chanfrein; col long, corps plat, poitrine étroite, membres gros et longs, peau épaisse et très plissée. Les béliers pèsent jusqu'à 120 kilogrammes et les brebis 70. Un mouton ordinaire pèse 75 kilogrammes.

Le poids de la toison atteint et dépasse 5 kilogrammes. La laine est peu fine et mélangée à beaucoup de jarre; ce qu'expliquent les plis de la peau.

Mérinos de Mauchamps. — Variété disparue, mais ayant laissé des traces dans le Chatillonnais et dans le Tonnerrois, par suite de son séjour à la Bergerie de Gévrolles, en Côte-d'Or. L'animal était très mal conformé et portait une laine fine et soyeuse.

Mérinos précoce (fig. 12). — Cette variété se rencontre dans le Soissonnais où les animaux sont restés grands et forts; dans le Chatillonnais et le Tonnerrois où, au contraire, les sujets sont réduits de volume. En faisant abstraction de ce volume et de quelques caractères peu accusés de la physionomie en général, le mérinos, devenu précoce, présente avant tout une réduction notable du squelette. Les membres sont moins longs et moins gros; la tête est moins massive; le cou s'est raccourci, les plis de la peau, le fanon et les cravates n'existent plus, le corps est devenu plus large, plus ample dans toutes ses dimensions; enfin les formes sont plus gracieuses, plus correctes (A. Sanson). On doit ajouter à ces caractères ceux de la précocité elle-même qui s'exprime par l'accélération de l'évolution des dents de seconde dentition. « Dans le même temps et avec la même alimentation, dit M. A. Sanson, ils produisent autant de viande que les Leicesters et les Southdowns par exemple, selon qu'ils sont de grande ou de moyenne variété seulement. Cette viande est de qualité meilleure, moins mélangée de graisse de couverture, et d'une saveur plus agréable même que de la viande de Southdown. »

La laine du mérinos précoce est tout aussi belle, sinon plus belle, que celle des variétés non améliorées; et le poids total de la toison est généralement aussi considérable. Les cornes sont ordinairement absentes. Cependant les producteurs de cette sorte de mérinos font, à volonté, des sujets pourvus ou dépourvus de cornes.

A propos de la présence des cornes sur la tête des béliers mérinos, le professeur R. Baron, d'Alfort, a fait une observation bien intéressante, et très exacte, ainsi qu'il résulte de nombreuses vérifications. Il s'agit d'un caractère de précocité : Les lignes idéales de prolongement en avant des chevilles frontales se rencontrent en formant des angles variables : aigu, droit ou obtus. En général, quand l'angle formé est aigu, on se trouve en présence d'un sujet peu ou pas amélioré; si l'angle est droit, on a un sujet d'une précocité moyenne; enfin si l'angle est obtus, l'animal est ample, en état complet d'amélioration et

Fig. 12.

d'une précocité prononcée au point de vue de la production de la viande.

RACE DU LARZAC. — Cette race, considérée par M. Sanson comme une variété de la race des Pyrénées (fig. 13), joue un rôle économique appréciable. Elle fournit à elle seule tout le lait employé à la fabrication des fromages renommés de Roquefort.

Le type est dolichocéphale, à tête busquée et souvent dépourvue de cornes. Le cou gros et court présente un fanon ample. Le corps est long, à dos concave, à croupe large, surtout chez les femelles. Les membres assez longs donnent une taille de 60 centimètres et plus. La toison fine et tassée est étendue. Elle se rapproche de la toison du mérinos par sa finesse et les caractères du brin (A. Sanson). La toison, du poids moyen de 2 à 3 kilogrammes, ne couvre jamais ni les membres ni la tête. Les mamelles très développées présentent souvent la particularité d'être pourvues de quatre tétines donnant du lait. Une brebis fournit une quantité annuelle de lait suffisante à produire 8 à 9 kilogrammes de fromage (Rossignol et Dechambre), 15 à 16 kilogrammes (A. Sanson).

Fig. 13.

Les agneaux mâles sont vendus à la boucherie peu après la naissance. Les peaux d'agneaux sont utilisées par les fabriques de gants. Les produits bruts annuels d'une brebis, fromage, laine et agneaux — car il y en a le plus souvent deux à chaque portée — atteignent les sommes de 30 à 40 francs.

On rencontre cette race dans les Cévennes; c'est aux environs de Saint-Affrique et de Millau, dans l'Aveyron, qu'existent les meilleurs troupeaux.

RACE DES CAUSSES. — Moins importante que la précédente, à laquelle elle ressemble, celle-ci est aussi dérivée de la race des Pyrénées. Le mouton des Causses vit dans les montagnes du Tarn, de l'Aveyron, de la Lozère, etc. Il est assez recherché de la boucherie. Autour des yeux, du museau et aux extrémités des membres on voit une pigmentation noire ou grisâtre foncée. Sa laine peu abondante est grossière.

RACES LANDAISE ET BÉARNAISE. — Dans les Pyrénées, l'Ariège, les Landes, se rencontre un sujet de bonne qualité, de viande excellente, à laine longue et très commune, dont les femelles donnent un lait abondant employé à la fabrication de fromages estimés, c'est le mouton béarnais ou landais. Les groupes de cette sorte sont considérés comme des races particulières dont les qualificatifs viennent des localités où on les exploite. Les animaux ont bien les caractères des deux races précédentes. Ils vivent sur le versant français des Pyrénées, et sont très rustiques.

Le *mouton lauraguais*, qu'on trouve dans la Haute-Garonne, le Gers, le Lot-et-Garonne, a la même origine, les mêmes caractères et les mêmes aptitudes que les précédents.

RACE POITEVINE. — Cette race qui habite l'ancienne province du Poitou, la Vendée et les Charentes serait une variété de la race du Danemark (fig. 14). Elle est dolichocéphale, d'assez grande taille et du poids de 60 à 70 kilogrammes. La tête est busquée, à oreilles larges, longues et souvent pendantes. Le cou est grêle, le corps aplati. Les membres larges et forts donnent des gigots peu descendus et peu épais. La toison ne couvre que le cou, le dos et la croupe, laissant à nu la tête, les membres et le ventre. On voit parfois des pigmentations rousses de la face.

Fig. 14.

Le mouton poitevin, qui ne redoute pas l'humidité, donne une viande estimée.

RACE FLAMANDE. — Cette race est de même origine que la précédente; elle en a les caractères avec cette différence que les moutons flamands ont un poids plus considérable. Ils habitent la Belgique et les départements du nord. Ces animaux s'engraissent bien, mais donnent une viande peu succulente. Les croisements avec le dishley ont donné de bons résultats.

RACE ALGÉRIENNE OU BARBARINE (fig. 15). — Cette race est dolichocéphale. Elle est dérivée de la race de Syrie (fig. 16).

Fig. 15.

Plutôt petite, la race algérienne s'accroît rapidement quand elle est bien soignée et assez nourrie. C'est à raison de son facile accroissement que nous la classons parmi les races eumétriques ou moyennes.

La laine est grossière, mécheuse et frisée; le poids de la toison atteint 2 kilogrammes. Le poids d'un mouton est de 45 à 50 kilogrammes. La tête est massive et un peu busquée, avec des cornes en spirale et assez fortes. Le mouton algérien porte de quatre à six cornes; certains sujets cependant en sont dépourvus. Le col est court, le corps rond avec la queue courte, forte à la base et souvent infiltrée de graisse. Les membres longs sont solides. La tête et les membres sont pigmentés en brun ou en gris.

Le mouton algérien occupe l'Algérie, la Tunisie et le Maroc. On le trouve dans quelques départements du littoral méditerranéen où il est l'objet de croisements. La brebis féconde a parfois deux gestations annuelles de chacune deux agneaux. Elle est bonne laitière. La viande du mouton passe pour être médiocre.

Fig. 16.

Le type algérien est robuste, sobre, et d'une grande endurance pour la fatigue et la sécheresse. Mais si ces animaux contractent difficilement le charbon, par contre ils sont presque toujours en puissance de clavelée qu'ils propagent trop fréquemment sur le territoire de la Métropole. Ils résistent à cette maladie contagieuse, qui n'occasionne pas de pertes trop sensibles en Algérie. Le croisement du mouton algérien avec le mérinos de la Crau donne, entre les mains des colons, de bons résultats qui devraient engager les Arabes à les imiter.

RACE DISHLEY. — Cette race, encore appelé *New-Leicester*, dérivée du type germanique, n'est que l'ancienne race anglaise Leicester améliorée et profondément modifiée par Bakewell. Cet éleveur célèbre a commencé les améliorations de 1770 à 1780 par la sélection et l'alimentation intensive qui lui ont donné des sujets d'une extrême précocité et d'une grande aptitude à l'engraissement rapide. Il a ensuite eu recours, pour fixer les aptitudes, à la consanguinité poussée à ses dernières limites. Bakewell a négligé la production lainière pour s'occuper de la production hâtive d'une assez bonne viande grasse, qui est l'aptitude spéciale du mouton dishley. Mais les bouchers et, particulièrement, les ménagères n'apprécient pas la viande de cette sorte qui donne trop de suif et trop de déchets.

Fig. 17.

La tête du dishley est caractéristique (fig. 17); elle est nue, rectiligne, avec les apophyses orbitaires saillantes et les yeux proéminents. La place, occupée par les cornes, chez d'autres races, est une cavité. Les oreilles sont longues, minces, nues et horizontales. Le tour des yeux, le museau, les narines et les oreilles présentent toujours des taches noires, plutôt petites que grandes. L'encolure est grêle ; le garrot, le dos et les reins sont droits et épais ; la croupe un peu pointue porte, sous la peau, une couche épaisse de graisse de couverture. Le gigot est long et épais. Le ventre est peu volumineux, la poitrine large ; les membres grêles sont écartés et les quatre pieds forment sur le sol un rectangle dont les petits côtés sont assez grands. La toison, à brins longs et rudes, mécheuse, ne couvre ni la tête, ni les membres ni même le ventre. Le suint est poisseux.

A l'état de pureté, la race est répandue en France. C'est à titre d'améliorateur par croisement avec diverses races françaises que le dishley est entretenu. On rencontre de superbes troupeaux de dishleys-mérinos dans la Brie, dans la Beauce, en Picardie, en Champagne et en Bourgogne. Nous connaissons également de bons troupeaux de dishleys-berrichons. Les dishleys purs, comme les divers métis de cette race, sont des animaux gros mangeurs et assez délicats. Il faut les entourer de soins incessants si on ne veut les voir rapidement succomber.

RACE DE NEW-KENT. — Cette race n'est autre que celle de *Romney-Marsh*, qui existait dans le comté de Kent et qui a été améliorée par Richard Goord.

Le new-kent, variété de la race des Pays-Bas (fig. 18), ressemble singulièrement au dishley. Il est plus haut sur membres, a le corps plus long, la poitrine moins ample. Il n'a jamais de pigmentation de la peau. C'est un producteur rapide de viande et de graisse. C'est ce new-kent qui a été importé en France et employé par Malingié pour améliorer le solognot et le berrichon en créant la race dite de la Charmoise.

Fig. 18.

Grandes races (hypermétriques).

Nous ne ferons que signaler, pour mémoire, les grandes ou très grandes races ovines que nous, Français, n'avons aucun intérêt à importer et à exploiter. Telles sont la *race du Soudan*, et la *race Bergamasque* répandue dans le nord de l'Italie.

Variété ovine de Scopelos (Grèce).

Il existerait à Scopelos (île située par le travers de la côte de Thessalie), une variété de moutons fort intéressants et surtout avantageux à exploiter, dont le type serait tout différent de celui que l'on rencontre dans les campagnes de la Grèce. Ces moutons se distinguent par l'ampleur de leur corps et la régularité de leur conformation. Ils ont la charpente osseuse fine et la tête petite. Ce sont des animaux délicats et redoutant les intempéries. Les brebis très laitières donnent au moins 4 litres de lait par jour. Elles sont d'une fécondité remarquable et produisent de deux à cinq agneaux. Le revenu annuel qui nous paraît d'ailleurs très exagéré, serait de 70 à 100 francs, comprenant le lait et la laine. Cette laine est d'excellente qualité et la quantité par tête serait de 2 à 4 kilogrammes chaque année.

Populations ovines métisses.

MÉTIS DIVERS. — MOUTON DISHLEY-MÉRINOS. — MOUTON DE LA CHARMOISE. — MOUTON SOUTHDOWN-BERRICHON

Sur les limites des contrées où sont élevées les races ovines françaises et étrangères, il se fait naturellement des croisements, soit volontaires, soit résultant des transactions commerciales, qui donnent naissance à des métis variés peu intéressants. Mais il est d'autres croisements méthodiques dont les métis obtenus attirent l'attention par leurs qualités et leurs aptitudes, et dont nous devons nous occuper.

Peut-on dire que ces métis aient véritablement créé des races nouvelles? C'est une question de haute zootechnie résolue par l'affirmative pour quelques zootechniciens; tandis que d'autres pensent le contraire. Il y a en effet presque toujours réversion d'un côté ou de l'autre des facteurs primitifs. Pour nous qui, depuis trente ans, avons observé de nombreux troupeaux de dishley-mérinos, nous n'a-

Fig. 19.

vons jamais rencontré un sujet type réalisant la moyenne arithmétique du dishley et du mérinos. Nous avons remarqué au contraire, dans le même troupeau, des animaux disparates et présentant, les uns, des caractères prononcés de mérinos, (fig. 19 et 20); d'autres, des caractères accusés de dishley (fig. 21 et 22).

Quant au métis, que l'on prétend si complexe, de la Charmoise, plus nous examinons d'animaux de cette sorte — et nous venons de le faire avec soin au concours international de l'Exposition universelle de 1900 — plus nous restons persuadés que le new-kent s'est simplement substitué aux variétés de berrichons et de solognots par des croisements continus et de longue durée. Nous savons bien que

Fig. 20.

de savants observateurs voient, en même temps que du *kent* dans le mouton de la Charmoise, du berrichon; c'est possible, mais cela nous échappe.

Le *dishley-mérinos* est un bon mouton, à tête moyenne et plus ou moins dépourvue de laine, en partie ou en totalité, à profil variable, de taille assez grande et d'un poids assez considérable. La toison est plus fine et moins longue que celle du mérinos, assez tassée et du poids de 4 à 5 kilogrammes. S'il est

Fig. 21.

grand producteur de viande et de laine, c'est un gros mangeur d'aliments choisis; il est délicat, redoute les pâturages humides et les longs parcours.

Le *mouton de la Charmoise* a été créé par Malingié. Il proviendrait d'un croisement raisonné du new-kent avec des types assez parfaits des variétés de berrichons qu'on rencontre en Touraine, en Berry, en Beauce. On prétend que Malingié a dû infuser du sang mérinos, dans le cours de ses opérations.

Fig. 22.

Le mouton de la Charmoise est petit, avec une tête nue et un peu forte, dépourvue de cornes, avec des oreilles minces; le corps est rond et court, près de terre sur des membres assez fins. C'est un producteur rapide de bonne viande, d'autant plus facile à vendre que les sujets sont d'un poids généralement peu élevé, ne dépassant pas 50 à 60 kilogrammes.

Le *southdown-berrichon*, provenant lui aussi d'un croisement de southdown avec des variétés de berrichons, est un animal excellent, facile à reconnaître à sa tête nue, fine et courte, avec de larges taches brunes qu'on retrouve sur les membres. Le corps est cylindrique, porté sur des membres courts et minces. La toison grisâtre est à brins courts. C'est un producteur hâtif de viande exquise. Mais il est plus délicat que le berrichon et demande, avec une nourriture choisie, beaucoup de soins qu'on ne peut pas toujours donner dans de petites exploitations.

En résumé, les trois métis : dishley-mérinos, mouton de la Charmoise et southdown-berrichon sont les plus connus et les plus fréquemment produits et exploités. Mais le métis le moins fondu, le moins uniforme est à coup sûr le métis dishley-mérinos. Si l'on compare un certain nombre de ces métis à des nombres égaux des deux autres, il est facile de constater que les phénomènes de réversion et d'atavisme sont plus fréquents, plus accentués pour le dishley-mérinos que pour le mouton de la Charmoise et même que pour le southdown. Il semble que les différences physiologiques, de tempérament et d'aptitude soient trop accentuées entre le mérinos et le dishley pour que la fusion se produise avec fixité. Comme le dit le professeur Baron, ces deux animaux sont antipodes et le mérinos est un *antileicester*. Le mérinos est un fabricant de matière cornée et de suint; tandis que le dishley fait sa *cuisine physiologique* à l'intérieur par la production de viande et de suif. Ces faits très précis d'observation méthodique expliquent les dissemblances entre les divers produits du croisement de mérinos et du dishley.

Mais si la fusion des types qui ont contribué à la création du mouton de la Charmoise est plus parfaite, nous ne pensons pas qu'on puisse dès aujourd'hui considérer ce dernier comme un type défini de race ayant des caractères absolument fixes et à l'abri de toute réversion.

CHAPITRE III

FONCTIONS ÉCONOMIQUES DES BÊTES OVINES
ORIENTATION DE LA PRODUCTION

FONCTIONS ÉCONOMIQUES DES BÊTES OVINES. — Le mouton, quelle que soit son aptitude spéciale, est toujours un producteur de viande et de laine. C'est un des plus précieux animaux de la ferme. La brebis de certaines races laitières donne aussi des produits appréciables.

Longtemps, en France, on a exploité le mouton comme ne produisant que de la laine et du fumier; la production de la viande venait par surcroît. Partout où l'élevage du mouton lainier pouvait se faire dans de bonnes conditions hygiéniques, on donnait la préférence aux races à laines fines qui, alors, se vendaient à un prix élevé. Mais depuis les traités de commerce de 1860, le cours des laines n'a cessé de baisser et on a dû négliger la production lainière, qui n'était plus assez rémunératrice, pour revenir à l'exploitation d'animaux à laines communes ou grossières, mais d'une plus grande précocité comme bêtes à viande.

Que cherche-t-on dans l'exploitation du mouton, comme dans celle du bœuf ou celle du cochon? Des bénéfices résultant évidemment de la vente facile et rémunératrice des produits de l'animal. Or, si pendant longtemps, ainsi que l'a enseigné M. A. Sanson, on a pu entretenir des troupeaux tout à la fois producteurs de belles laines et d'excellente viande, pour beaucoup d'éleveurs cela ne serait plus possible aujourd'hui. On dit en effet : jusqu'en

1894, les laines fines trouvaient encore acheteurs sur le marché à un prix légèrement supérieur ou égal à celui des laines communes; mais aujourd'hui ces dernières, et particulièrement en 1895, sont payées plus cher que les belles laines mérinos ou métis-mérinos. Ce qui s'est passé en 1894 et en 1895 ne s'est pas renouvelé et paraît n'avoir été qu'accidentel, et rien n'établit l'avantage réel qu'il y aurait à ne plus faire que des moutons à viande.

La viande de mouton est de trois sortes : *viande de mouton adulte*, *viande d'agneau gris* et *viande d'agneau de lait.*

La viande de mouton adulte est celle que donne l'animal suivant sa race et sa précocité, entre l'âge de 12 à 15 mois et l'âge de 4 à 5 ans. Il y a, on le sait, des qualités bien différentes suivant l'âge, la race, l'aptitude, la précocité des sujets.

L'agneau gris est une production spéciale dont l'initiative est due à feu de Béhague, grand agronome du Loiret. C'est l'agneau engraissé par une abondante alimentation au lait et avec d'autres aliments riches jusqu'à l'âge de 4 mois environ, puis par une nourriture succulente et d'une grande digestibilité jusqu'à l'âge de 6 à 10 mois. La viande n'est ni blanche ni rouge, elle est seulement rosée avec des nuances se rapprochant plus ou moins du rouge. Le berrichon, le southdown, le mérinos précoce et les croisements de ces races donnent seuls cette viande assez prisée.

La viande d'agneau de lait provient de l'agneau engraissé au lait et abattu vers l'âge de un mois à six semaines.

L'éleveur de moutons peut, en tout cas, produire cette viande dont la consommation croît beaucoup plus que la production. Il y a moins d'amateurs de viande de mouton, viande de luxe, qu'il n'y en a pour celle des autres espèces domestiques. A la campagne, on préfère la viande de bœuf, la viande de veau ou celle de porc. Quoi qu'il en soit, l'élevage du mouton n'est jamais en perte pour l'éleveur intelligent et attentif aux règles de l'hygiène, pourvu aussi qu'il puisse mettre, à la disposition des animaux, des pâturages sains, secs, de bonne qualité et aussi rapprochés que possible de son exploitation.

ORIENTATION DE LA PRODUCTION. — Faut-il continuer l'élevage des moutons à laine ou les abandonner complètement pour ne plus produire que des moutons à viande ou encore, comme le conseillait Cornevin, propager les races ovines laitières?

La question est délicate.

Nous croyons qu'il ne faut pas désespérer de la production laitière. Aussi bien les prix payés en 1898 et 1899, prix qui paraissent baisser en 1900 — peuvent faire naître des espérances. Nous pensons que, partout où la nature du sol et le climat le permettent, il faut continuer à produire des mérinos précoces qui donnent d'excellente viande, dont le rendement équivaut à peu près à celui des bonnes races à viande, et qui, en même temps, donnent presque le double d'une laine de plus grande valeur. Rien n'empêcherait non plus de suivre les conseils de Cornevin et d'accroître l'élevage des races laitières, partout où on aurait chance de trouver un débouché pour les fromages de brebis.

En résumé, il faut faire de la viande ou du lait partout où le mouton mérinos ne peut réussir. Mais il ne faut pas cesser de produire des laines fines, que n'ont pas encore pu remplacer les laines d'Australie, de la République Argentine et du Cap. Aussi bien la production de ces contrées est en voie de décroissance, et qui sait où cela s'arrêtera? Malheureusement, depuis vingt à trente ans, l'élevage du mouton a considérablement diminué en

France et les causes en sont nombreuses. Mais il en est deux principales : la difficulté de trouver de bons bergers et la suppression presque générale de la vaine pâture.

CHAPITRE IV

PRODUCTION DES JEUNES MOUTONS

Sélection. — Il est une opération indispensable qui doit présider à la production des ovins, c'est la *sélection*, ou choix méthodique et rigoureux des reproducteurs. Il y a deux sortes de sélection : la *sélection zoologique* et la *sélection zootechnique*. La première consiste à prendre des reproducteurs, mâles et femelles, ayant bien tous les caractères de la race que l'on veut perpétuer. La seconde consiste à choisir des reproducteurs ayant des aptitudes spéciales que l'on veut introduire ou conserver dans le troupeau.

Qu'il s'agisse de perpétuer des races pures ou d'accomplir des croisements, les béliers et les brebis doivent être bien examinés aux points de vue de la conformation, de la qualité de la laine et de l'aptitude à la production hâtive de bonne viande. Quel que soit le milieu dans lequel se trouve l'exploitation, le meilleur troupeau périclitera et dégénérera si l'on ne procède, chaque année, avant l'époque fixée pour la lutte, à un choix rigoureux des reproducteurs. Il ne faut jamais hésiter à faire des réformes si l'on tient à la réputation de son troupeau et si l'on veut que l'exploitation soit fructueuse. Aussi bien il est plus facile de trouver des femelles irréprochables que de bons mâles. Nous avouons ignorer la cause de ce fait, qui nous paraît constant. Et comme l'influence du mâle est beaucoup plus sensible que

celle de la brebis, le choix du bélier devra être rigoureux.

Certains auteurs conseillent, en vue d'obtenir la précocité dans un troupeau, d'employer des reproducteurs très jeunes. Nous réprouvons cette pratique dont nous n'avons pas eu à nous louer. Un bélier, fût-il d'une famille précoce, ne peut commencer à remplir sa fonction avant l'âge de 15 mois, et avant l'âge de 20 à 24 mois s'il ne l'est pas. Pour la jeune brebis précoce il faut attendre l'âge de 15 à 18 mois; si elle est de race commune, on ne la donnera au bélier que vers 2 ans.

Fig. 23.

Choix du bélier. — Qu'un bélier soit de race laitière ou de race à viande, il est en tout cas destiné à l'abattoir, la viande étant le produit essentiel des animaux comestibles. Ses organes génitaux seront parfaits et complets, il sera vigoureux et ardent pour remplir son office. La conformation sera aussi parfaite que possible, la tête petite, l'encolure fine, le dos, les reins et la croupe larges et droits. La poitrine sera ample. Les membres seront fins, avec les épaules épaisses, ainsi que les gigots, qui descendront aussi près que possible des jarrets (fig. 23).

S'il s'agit d'un bélier de race à laine fine, il sera bon de connaître son origine et les qualités lainières de ses ascendants. La laine sera souple, élastique et résistante à la traction. Elle devra ces qualités à celles du suint abondant, fluide et un peu citrin. Le brin sera aussi fin que possible; cette finesse, qui se juge au micromètre, varie à 1 à 4 centièmes de millimètre de diamètre. La finesse du brin est d'autant plus appréciable qu'il est plus ondulé. La mèche sera homogène, carrée et exempte de toute souillure due à des graines, à des brins d'herbe, etc. La toison sera tassée et bien fermée. Elle sera étendue, couvrant la tête, les

Fig. 24. — Marques des qualités de la laine sur le mouton.

membres et le ventre. Elle ne devra pas contenir de *jarre*, c'est-à-dire de poils durs. On s'assure de l'absence de ces poils en examinant la toison à la naissance de la queue. S'il n'en existe pas dans cette région, il n'en existe nulle part (fig. 24) (1). Il est

(1) Les chiffres 1, 2 et 3 inscrits sur la figure 24 indiquent les qualités de la laine : 1re, 2e et 3e qualités, selon les régions considérées.

évident que ces qualités lainières ne se rencontrent que chez les mérinos. Néanmoins la laine étant toujours un bénéfice net dans l'exploitation du mouton; plus la toison est étendue et tassée, plus la laine est belle chez les reproducteurs d'une race quelconque, plus l'animal devra être apprécié.

Choix de la brebis. — On devra trouver chez elle les qualités générales indiquées pour le bélier. Il faut en outre s'assurer de l'intégrité des organes génitaux et de l'état des mamelles, qui devront être bien développées.

PRATIQUE DE LA REPRODUCTION. — L'accouplement du bélier et de la brebis s'appelle *lutte*; il est précédé de phénomènes physiologiques qu'il est bon de préciser : ce sont le *rut* chez le bélier et les *chaleurs* chez la brebis. Celles-ci correspondent à la maturation d'un ovule et à sa pérégrination de l'ovaire à l'utérus. Le bélier est en *rut* dès qu'il est mis auprès d'une brebis en *chaleur*. Il devient ardent, batailleur. Des signes particuliers caractérisent les chaleurs chez la brebis. Les lèvres de la vulve paraissent rouges, gonflées; la brebis recherche le bélier et, en son absence, monte sur les autres bêtes du troupeau. Elle a un bêlement qui ne se manifeste que lorsqu'elle est dans cet état, qui ne dure pas plus de vingt-quatre à trente-six heures et se reproduit toutes les deux ou trois semaines. Un excellent moyen de s'assurer des chaleurs des brebis, consiste à mettre un bélier, *boute-en-train*, au milieu d'elles. On a le soin, si cet animal ne doit pas être choisi pour la lutte, de lui fixer sous le ventre un tablier s'opposant à l'accouplement.

La *lutte* se fait en *liberté* ou en *main*. Dans le premier cas, au moment choisi, on sépare les femelles en lots de 50 têtes au plus et on met, dans chacun de ces lots, un bélier pour la nuit. En général, ce mâle suffit pour une saison d'une durée d'un mois, au bout duquel les brebis fécondes sont ordinairement pleines. La lutte en liberté présente l'inconvénient grave que le bélier peut sauter plusieurs fois la même brebis et se fatiguer ainsi inutilement, celles qui ne sont pas en chaleur ne souffrant pas ses approches. La *lutte en main* a l'avantage d'être moins épuisante pour les mâles. Quand on s'est assuré, à l'aide du boute-en-train, de l'état de chaque brebis, on enferme dans une case spéciale le bélier, qui sera retiré aussitôt après l'accouplement, avec chacune des brebis successivement reconnues être en chaleur.

La saison de la lutte est variable selon les modes d'exploitation du troupeau. Il se fait des *agnelages* en toute saison : agnelage d'été ou de printemps et agnelage d'hiver ou d'automne. Ce qui doit fixer dans le choix de l'époque de la lutte, la brebis portant environ cinq mois, ce sont les provisions alimentaires et les débouchés pour la vente des produits : agneaux de lait, agneaux gris, etc.

GESTATION. — On appelle ainsi l'état dans lequel se trouve la brebis entre le moment de la fécondation et l'époque de la parturition. La gestation a une durée moyenne de cinq mois ou environ 150 jours. Ce n'est que six semaines ou deux mois après la lutte qu'on peut être certain qu'une brebis est pleine. La bête engraisse, devient molle, lente, se sauve moins des chiens. A mesure que le terme approche, le ventre augmente de volume et les mamelles se développent. Les brebis peuvent rester ensemble; mais elles doivent être séparées des autres animaux du troupeau. Il faut surveiller leur alimentation qui sera, sinon abondante, du moins riche en principes digestibles. Éviter les fourrages avariés par des moisissures qui peuvent provoquer l'avortement, de même que les betteraves et les pommes de terre gelées, ainsi que nous l'avons constaté. L'eau de boisson glacée ou trop froide est également dangereuse.

L'*avortement*, ou l'expulsion avant terme du produit de la fécondation, peut se manifester accidentellement ou à l'état épizootique. L'avortement accidentel n'est pas grave. Mais s'il se présente à l'état épizootique, comme il peut entraîner la perte complète des agneaux d'une année, il y a lieu de procéder à des mesures antiseptiques et à la désinfection. Le plus sage est d'appeler le vétérinaire.

PARTURITION. — Cet acte est l'expulsion à terme du produit de la fécondation. On l'appelle *part*, *accouchement*, *mise bas* et, plus ordinairement, *agnelage*. A l'approche de la parturition, il est toujours utile de placer la brebis dans une petite case séparée du reste de la bergerie. Cette case, faite avec des claies, permet de mieux surveiller la parturition et de donner à l'agneau, à sa naissance, les soins nécessaires.

Quelques jours avant l'agnelage, la brebis devient *amouillante*. La vulve gonflée laisse écouler un liquide limpide et filant. Le flanc se creuse, le ventre est descendu, la bête se *casse*. Les mamelles sont très grosses et le mamelon est rigide. Au moment précis où l'acte va s'accomplir, la bête s'agite, se couche, se relève, a des coliques, fait des efforts expulsifs. On voit apparaître entre les lèvres de la vulve une tumeur d'aspect bleu foncé; c'est la *poche des eaux*, qu'il faut se garder d'ouvrir, parce qu'elle renferme un liquide qui favorisera la sortie de l'agneau. Au bout de quelques instants, plus ou moins longs, apparaissent les pieds antérieurs, puis le museau de l'agneau; enfin quelques efforts encore et le petit est au monde, souvent enveloppé dans des membranes dont il faut le débarrasser par dilacération. On le place près de la mère qui le lèche, le masse et, en moins d'une demi-heure, déjà debout, le petit sujet cherche les mamelles et tette.

Les choses ne se passent pas toujours aussi simplement. Il peut y avoir de mauvaises présentations : la tête repliée sur le col, les pieds apparaissant seuls; ou bien la tête se montre sans les pieds; ou bien se présentent trois pieds pouvant appartenir au même sujet ou à deux agneaux différents, etc., etc.

La main bien lavée et savonnée à l'eau chaude et enduite d'huile ou, mieux, de vaseline, est introduite avec précaution pour s'assurer de ce qui se présente et de la nature des obstacles à l'accomplissement de la parturition. Les bons bergers sont rarement embarrassés pour délivrer une brebis dont l'accouchement n'est pas normal. Cependant il est des cas, comme les présentations transversales, où la science du berger est insuffisante. Il y a alors avantage, pour ne pas exposer la patiente à des souffrances inutiles ni mettre sa vie en danger, à appeler le vétérinaire. Il y a rarement péril à attendre, la brebis ayant une certaine force de résistance dans le cas de part laborieux si, d'ailleurs, on n'a pas opéré de manœuvres intempestives et brutales. Nous avons pu délivrer heureusement des brebis en travail depuis plus de vingt-quatre heures. Il n'en est pas de même de la chèvre qui doit être rapidement délivrée, ou elle succombe.

La gestation de la brebis étant assez fréquemment double ou *gémellaire*, il peut se présenter une complication lors de la parturition. Ordinairement toutefois les agneaux sortent chacun à son tour, l'un par le devant et l'autre par le derrière. Mais il arrive aussi que, par suite d'une mauvaise présentation, se trouvent trois et même quatre pieds à l'orifice vulvaire. Il faut alors s'assurer si l'on a affaire à une présentation transversale d'un seul agneau par les membres, ou si ces pieds appartiennent à deux sujets différents. En cas d'incertitude nous conseillons encore d'appeler le vétérinaire et d'attendre patiemment sa venue, car seul il saura sauver la situation et éviter une perte qui peut être importante dans une exploitation où on se livre à l'élevage des reproducteurs.

DÉLIVRANCE. — Après la sortie de l'agneau, qui n'arrive pas toujours recouvert de ses enveloppes, a lieu l'expulsion de celles-ci. Il est rare que ce complément de la parturition ne s'exécute pas très vite et sans difficulté chez la brebis. Nous indiquerons ultérieurement ce qu'il y a à faire dans le cas de rétention du *délivre*.

MALADIES ET ACCIDENTS CONSÉCUTIFS A LA PARTURITION. — Il faut mettre une brebis à l'abri du froid et des courants d'air, pendant et après l'agnelage. C'est un des moyens d'éviter les inflammations possibles de la matrice et des mamelles.

L'accident le plus redoutable est le renversement de la matrice se produisant au moment où la bête fait le dernier effort expulsif pour chasser l'agneau ou ses enveloppes. C'est pourquoi il importe de ne pas quitter la brebis avant que l'acte soit complètement achevé.

SOINS A DONNER A L'AGNEAU ET A LA BREBIS. — L'agneau paraît, en général, peu souffrir pendant sa venue au jour. Quand il est sur la litière, il ébroue, secoue la tête, s'agite jusqu'à ce que, excité par les lèchements de sa mère, il cherche à se mettre debout. On peut l'y aider et le mettre à la mamelle s'il n'y va pas seul. Si l'agnelage a été long, pénible, le petit peut venir en état de mort apparente. Il faut, après l'avoir débarrassé des enveloppes, ouvrir la bouche, saisir la langue avec un linge fin et propre et exercer, sur cet organe, par des tractions modérées mais de plus en plus fortes, des mouvements alternatifs de va et vient jusqu'à ce que la respiration s'établisse par une inspiration profonde.

Pendant les quatre ou cinq jours, qui suivront la naissance, on lavera, tous les jours, au moins une fois, la région ombilicale avec de l'eau phéniquée tiède ; on essuiera ensuite la région avec de l'ouate ou avec un linge fin et propre, et on l'enduira de vaseline boriquée. Par cette précaution on mettra le petit à l'abri d'infections graves se traduisant soit par une diarrhée fétide soit par une arthrite, deux maladies mortelles.

Si la parturition s'est accomplie normalement, la brebis, d'avance séparée du troupeau, n'a pas besoin d'attentions particulières. La diète, avec boissons blanches, pendant un jour suffit. Si le part a été laborieux, que la mère paraisse fatiguée, qu'elle reste couchée volontairement ou par impuissance de se lever, il y a lieu de rechercher la cause de cet état. Ici encore nous ne pouvons que conseiller de recourir au vétérinaire.

ÉLEVAGE ET ALLAITEMENT. — L'agneau, quand il n'est pas jumeau, est élevé à la mamelle. Le premier lait, ou *colostrum*, est indispensable à raison de sa propriété laxative par laquelle l'intestin se débarrasse des matières accumulées pendant la vie fœtale et appelées *méconium*. L'agneau, vivant toujours avec sa mère, la tette librement pendant environ la quinzaine qui suit l'agnelage. Après quoi, les brebis allant aux champs, sont remises avec leurs agneaux au retour à la ferme.

Que faut-il faire lorsqu'une brebis a deux agneaux ? Faut-il les élever tous deux ? Il se présente différents cas : Dans une exploitation où on se livre à la production des reproducteurs de choix, il y a souvent avantage à élever les deux agneaux, surtout si l'on n'est pas obligé d'acheter du lait de vache. Dans ce cas on nourrit l'un des agneaux au biberon. Si au contraire on se contente de faire simplement la production ovine, que d'autre part on ne

dispose pas d'une grande quantité de lait de vache, ou qu'il faille acheter ce lait, on a autant d'avantage à abandonner, à titre de gratification, l'un des agneaux, celui qui paraît le moins beau

Fig. 25.

ou le moins bien constitué, au berger qui le vend dans le voisinage. Mais si on doit faire l'élevage des deux petits, il faut recourir au biberon et le modèle en verre pour enfants est excellent et suffit s'il ne s'agit que de deux ou trois agneaux. S'ils sont plus nombreux, il faut se procurer le biberon Dutertre employé à l'École de Grignon (fig. 25). Cette gravure nous dispense d'en donner une description tant l'appareil est simple. On peut en faire construire avec six, huit et dix téterelles au lieu des quatre représentées sur la figure. On suspend le biberon Dutertre à hauteur convenable, et les agneaux ont bientôt fait sa connaissance. On commence par donner du lait de vache à la température de 36° à 38° coupé, pendant les premiers jours, d'un peu d'eau tiède sucrée. Peu à peu on diminue la quantité d'eau et de sucre et on donne le lait pur soit tiède, soit sortant de la mamelle de la vache. Il faut en donner autant que les agneaux peuvent en consommer. S'ils demandent après avoir bu, c'est que la ration était insuffisante ; s'ils en laissent dans la caisse, c'est qu'ils en avaient trop. Il est facile de régler la ration par tâtonnement, tout en l'augmentant un peu chaque jour.

Nous croyons nécessaire de ne mettre l'agneau au biberon qu'après deux ou trois jours ; il est indispensable qu'il prenne, avec son frère, le colostrum de la mère.

Il est des brebis qui refusent de donner à téter à leur propre agneau. Dans ce cas, au moins pour les premiers jours, il faut essayer de faire accepter le petit par une autre mère ayant avorté, par exemple, ou dont l'agneau serait mort, faute de quoi il faut nourrir au biberon. Quel que soit le mode d'allaitement, on ne saurait obtenir de bons sujets précoces, de belle venue, en les sevrant trop tôt. La durée moyenne nécessaire de l'allaitement est d'environ *quatre mois*.

De même que la brebis pleine demande des soins particuliers, de même la brebis nourrice ne doit pas être négligée. Elle sera mise à une ration très modérée pendant les deux ou trois jours qui suivent l'agnelage, afin d'éviter la fièvre ou l'excès de sécrétion des mamelles. A mesure que l'agneau grandit, la ration est progressivement augmentée. On évitera avec soin les aliments avariés, les betteraves et les pommes de terre gelées, pourries, les fourrages poudreux, etc., pouvant altérer le lait et provoquer des accidents mortels pour l'agneau.

SEVRAGE. — Il ne devra jamais être trop hâtif et commencera, au plus tôt, lorsque les agneaux auront trois mois et demi à quatre mois ; il durera environ dix à quinze jours. Dans une bergerie de quelque importance, la période pendant laquelle se fait l'agnelage peut durer six semaines ou deux mois. Or, si on voulait sevrer en même temps tous les agneaux, les uns auraient à peine deux mois et les autres en auraient au moins quatre. Les premiers souffriraient beaucoup de ce sevrage hâtif. On peut facilement éviter les inconvénients de ce procédé en séparant les agneaux en plusieurs lots déterminés par l'âge, et procéder ainsi à deux ou trois sevrages échelonnés.

L'agneau, vivant à la bergerie avec sa mère, s'habitue de bonne heure, dès l'âge de quinze jours, à brouter les aliments concentrés, sons, tourteaux, grains concassés ou aplatis, donnés à la nourrice. Pendant que la mère est au pâturage, après l'âge de quinze jours, on donne quelques aliments riches aux agneaux qui les consomment et les digèrent bien. A l'époque du sevrage on n'a qu'à augmenter peu à peu ces rations supplémentaires en y joignant des fourrages verts ou secs de facile mastication. En même temps, pour que la mère ne souffre pas des mamelles engorgées par le lait, on diminue un peu la ration à la bergerie, et surtout celle des aliments aqueux. Puis, si l'agneau tétait trois fois, on le prive de sa mère pendant la journée, et on ne le laisse avec elle que pendant la nuit. Au bout de trois ou quatre jours, l'agneau ne couche plus auprès de sa mère et celle-ci ne le voit que le matin et le soir et au plus une demi-heure à chaque fois. Peu à peu on supprime la tétée du soir et enfin celle du matin.

CASTRATION. — On ne saurait procéder trop tôt à cette opération sur les agneaux non destinés à la reproduction. C'est pendant la période d'allaitement, vers l'âge de quinze jours à un mois, au plus tôt, qu'elle peut être faite. Tous les bergers la pratiquent sans accidents. L'agneau placé sur les genoux rapprochés — non pas entre les genoux — d'un aide, les quatre membres rassemblés en face de l'opérateur, celui-ci saisit les bourses et s'assure qu'il n'y a pas de hernie; — dans ce cas les bourses sont volumineuses et les testicules peu ou pas mobiles — puis, avec des ciseaux courbes il excise le fond du sac; aussitôt les testicules apparaissent; l'opérateur les fait sortir de leurs enveloppes qu'il remonte le plus près possible des aines; il saisit ensuite chacun des testicules entre le pouce et l'index et il les arrache doucement par un mouvement de torsion. Certains châtreurs, une fois les testicules bien sortis des enveloppes, les saisissent tous deux à la fois avec leurs dents incisives et les arrachent ensemble en ayant bien soin d'appuyer, avec les pouces et les index des deux mains, sur les enveloppes refoulées au fond des aines. La plaie est bientôt cicatrisée. Nous avons remarqué que le dernier procédé, tout répugnant qu'il paraisse, est plus rapide et moins douloureux que le premier, à la suite duquel nous avons eu quelques accidents jamais observés avec le second.

Nous ne croyons pas nécessaire de parler ici de la castration du bélier. L'opération est inutile et il est bien plus simple de vendre l'animal entier à la boucherie, la castration devant toujours le faire souffrir et maigrir. De même il n'est pas utile de châtrer les agneaux destinés à la boucherie soit comme agneaux de lait, soit comme agneaux gris.

AMPUTATION DE LA QUEUE. — Cette opération est indispensable, au moins pour les femelles. Elle ne l'est pas pour les mâles châtrés, mais elle nous paraît utile pour les béliers. Elle consiste à couper la queue assez près de son origine, en la laissant toutefois assez longue pour recouvrir l'anus et la vulve. L'opération se pratique dans la quinzaine qui suit la naissance, le jour même où l'on châtre les agneaux. On sectionne la queue à l'aide d'un couteau bien tranchant ou bien on place l'appendice sur un billot de bois, on appuie le couteau au point où l'on veut faire la section qui s'obtient en frappant sur le dos de la lame avec un marteau. Il n'y a pas à s'inquiéter de la perte du sang qui s'arrête rapidement. La plaie est bientôt cicatrisée.

RÉGIME DES AGNEAUX APRÈS LE SEVRAGE. — Pour obtenir de bons agneaux, qu'il s'agisse d'animaux de boucherie ou de reproducteurs, il est de toute nécessité de donner, après le sevrage, des aliments riches, succulents, aussi abondamment que possible, mais sans gaspillage et même avec économie. Nous entendons par là qu'il faut éviter, autant que possible, l'achat de substances alimentaires et chercher à bien nourrir avec celles qu'on récolte dans sa propre exploitation.

Parmi les aliments dont on dispose, dans une ferme même modeste, se trouvent les regains de prairies naturelles et artificielles, les betteraves, les carottes, l'avoine, l'orge, le seigle. Ces deux dernières matières sont données concassées ou réduites en farine grossière; l'avoine peut être aplatie. Les aliments à acheter sont les tourteaux et les sons dont les prix sont fixés par les mercuriales des marchés.

Nous pensons que l'avoine est un bon aliment pour les agneaux, et nous nous sommes particulièrement bien trouvé de son emploi en mélange avec de l'orge concassée et avec du son. Quant à ce dernier, il ne faut pas le donner en excès; il produit des accidents de *gravelle* toujours mortels, si l'on ne sait sacrifier l'animal à temps pour la consommation.

Nous indiquons des formules de rations, qui nous paraissent devoir atteindre le but visé. Mais il est évident que tous les individus n'ont pas le même appétit; que les uns profitent mieux que les autres de la ration. L'essentiel est que l'animal ait assez et qu'il ne gaspille pas. Il est facile de juger si l'on donne trop ou pas assez; dans le premier cas, les animaux laissent des aliments; dans le second, ils mangent tout avec avidité et demandent encore après le repas. En observant bien les animaux on ne peut s'y tromper.

Voici ces formules :

1° Betteraves et menues pailles. . 2 à 3 kilogrammes
Fourrage. . . . . 0 k 600 grammes
Avoine 1/4 de litre jusqu'à 6 mois ; . 1/2 litre ensuite
                                        (Rossignol et Dechambre.)

2° Foin de pré. . . . . 80 grammes
Foin de luzerne . . . . 250 —.
Betterave . . . . 170 —
Paille d'avoine. . . . . 250 —
Féveroles. . . . . 340 —
Son de froment . . . . 170 —
                                        (A. Sanson.)

Voici enfin une ration que nous avons employée avec satisfaction pendant quinze ans environ. Les quantités étaient graduellement croissantes de 4 à 10 mois :

Regain divers. . . . . 500 à 1000 grammes
Avoine aplatie . . . . 150 à 500 —
Son de froment . . . . 150 à 500 —

Paille d'avoine à volonté.

Nous remplacions souvent l'avoine par une même quantité d'orge concassée ou par des tourteaux à la dose de 100 à 250

grammes et, particulièrement, le tourteau de coton décortiqué.

Ces rations sont servies aux jeunes animaux jusqu'à l'époque où ils sont mis aux pâturages. A partir de ce moment, on se contente de leur servir à la bergerie quelques aliments concentrés : grains ou tourteaux qu'ils ne dédaignent jamais à leur rentrée. C'est ainsi que peu à peu la relation nutritive de la ration s'élargit jusqu'à l'âge adulte.

CHAPITRE V

LE TROUPEAU ET SA GESTION

Administrer un troupeau de moutons est plus difficile et surtout plus délicat qu'on ne le croit généralement. Le propriétaire, qui, dans une exploitation, même de peu d'importance, ne peut tout faire, a besoin d'être secondé par un auxiliaire : *Le Berger*.

TROUPEAU. — On désigne sous le nom de *troupeau* un ensemble homogène d'animaux assez ressemblants entre eux et appartenant manifestement à une descendance familiale continue. Quand, au contraire, les animaux, quelque nombreux qu'ils soient, sont disparates par l'âge, par la race, par les aptitudes etc., ils forment une *troupe*.

BERGER. — A raison de l'importance de son rôle, le berger doit réunir certaines qualités assez rares et difficiles à trouver chez le même homme : Il doit aimer les moutons; être d'une honnêteté et d'une loyauté scrupuleuses; posséder une certaine instruction; avoir une grande mémoire; être d'une extrême propreté. Aucun agent, dans une exploitation agricole, n'est aussi précieux qu'un bon berger. Malheureusement cette profession, honorable et difficile, paraît de plus en plus abandonnée. Un homme ne saurait faire un berger, même passable, s'il n'aime pas ses bêtes. Celles-ci, mal soignées, péricliteraient et périraient.

Un troupeau, n'eût-il que 150 à 200 têtes, a toujours une valeur considérable. Nous connaissons des troupeaux que l'on peut estimer à 40.000 ou 50.000 francs. Or, c'est cette valeur qui est confiée à un homme dont il est difficile de surveiller le travail; d'où la nécessité de l'honnêteté et de la loyauté du berger.

Il y a un moyen bien simple de ne pas mettre sa vertu à l'épreuve : on n'a qu'à l'intéresser dans les bénéfices pour une part à déterminer. La gratification venant en augmentation du gage fixe, qui ne sera jamais trop élevé pour un berger pouvant en fournir la compensation à son patron, ne doit jamais être donnée que sur le produit de la vente des animaux et des laines. Jamais il ne faut faire participer le berger, par exemple, dans le prix de vente des peaux des animaux morts. C'est plus peut-être de l'honnêteté que des autres qualités d'un berger que dépend la fortune d'un propriétaire. Le mouton, animal délicat, n'est jamais impunément négligé. Son élevage bien conduit laisse toujours des bénéfices appréciables; au contraire par la paresse et par la négligence du berger on arrive rapidement à la ruine.

Une instruction au moins élémentaire est indispensable à un berger. Faute de cette instruction, il est routinier, têtu, et plein de foi dans les préjugés les plus absurdes. Il faut que, par les notions qu'il possède, il ait le goût de la lecture d'ouvrages relatifs à son métier. D'ailleurs, un peu instruit, sa mémoire est meilleure et il conserve la connaissance individuelle de toutes les bêtes de son troupeau. Nous connaissons des bergers recommandables, dont les qualités et les défauts de chacune de leurs brebis sont gravés dans leur esprit, pouvant ainsi rendre de réels services au moment des réformes annuelles.

A tort ou à raison, mais plutôt à tort selon nous, on a peu l'habitude de consulter le vétérinaire pour des moutons malades. Il faut encore que le berger supplée l'homme de l'art dont, peut-être, il dédaigne trop souvent le savoir. Si, personnellement, nous avons beaucoup acquis dans nos entretiens avec des bergers, nous avons aussi la conviction de leur avoir appris bien des choses. Il est utile que le berger puisse apprécier l'âge de ses animaux, leur état de santé, juger la nature des coliques des agneaux au sevrage, reconnaître et soigner la gale au début, etc. Le berger, qui sait observer les animaux qui lui sont confiés, doit aussi avoir quelques connaissances météorologiques lui permettant, avant de partir pour les champs, de prévoir le temps qu'il fera ; de calculer la distance plus ou moins grande de la ferme qu'il pourra parcourir sans exposer ses animaux à être surpris ou mouillés par un orage.

On comprend aisément, sans qu'il soit besoin d'explications, les raisons pour lesquelles un berger doit être soigneux et propre.

On ne saurait confier à un berger seul un troupeau comptant plus de 350 à 400 têtes; il aurait trop de fatigue et négligerait une partie de sa besogne. Il lui faut, suivant l'importance du troupeau, un ou plusieurs aides. Mais on doit lui laisser le choix des collaborateurs dont il sera responsable. C'est le meilleur moyen de lui donner l'autorité nécessaire sur ses subalternes.

Il existe dans un certain nombre de localités, où la vaine

pâture n'a pas encore été supprimée, ce que l'on appelle des *bergers communaux*. Ceux-ci n'ont absolument que la garde des troupeaux dans les terrains appartenant aux divers proprié- taires dont ils conduisent les moutons. Ces bergers doivent savoir faire une équitable répartition des pâturages mis à leur disposition, au prorata du nombre d'ani- maux appartenant à cha- cun des propriétaires. Mal- heureusement, le berger communal ou *banal* n'a pas toujours assez le souci de sa profession et c'est faute d'avoir pu en rencontrer de sérieux que les moutons ont disparu de beaucoup de communes dont les ha- bitants ont ainsi perdu une source appréciable de re- venus.

CHIENS DE BERGER. — On ne saurait se figurer un berger gardant un troupeau sans le secours d'auxiliaires indispensables, ses *chiens*. On peut même dire que certains chiens, bien dressés, savent garder le troupeau en l'absence momentanée du berger.

Le vieux proverbe : « Bon chien chasse de race... » est très vrai appliqué au chien de berger. Cet animal doit en effet ses merveilleuses qualités à son origine. Il les possède par

Fig. 26.

hérédité. Il existe en France deux races canines spéciales, paraissant bien dériver l'une de l'autre, le *chien de Brie* et le *chien de Beauce,* possédant au plus haut degré les qualités requises pour la garde des troupeaux. Sans doute on pourrait dresser des sujets de cer- taines autres races à cette fonction ; mais outre que la besogne serait difficile et ingrate, il n'est pas bien sûr qu'on réussirait com- plètement.

Magne, Lefour, A. San- son, Ernest Menault, Ros- signol, Dechambre, etc., reconnaissent, sans doute avec raison, une seule race canine excellente pour le service du berger. C'est la *race de Brie*, le *chien de Brie* ou *Briard* (fig. 26). La figure ci-contre peut nous dispenser de toute description. Toutefois il est des chiens qui sont dépourvus de leur queue soit naturelle- ment, soit par suite d'amputation.

Il est facile de dresser le jeune chien avec un autre chien expérimenté. Mais encore rares sont les bergers sachant bien dresser leurs chiens. Est-ce par paresse, par sensiblerie ou par crainte d'être trop violents pour leurs élèves ? Toujours est-il que nous avons connu plusieurs bergers, remarquables par une science profonde du mouton et par leur dévouement, qui ai-maient mieux acheter fort cher des chiens dressés que de les dresser, même malgré la promesse d'une forte récompense. Il ne faut d'ailleurs jamais marchander le prix d'un bon chien de berger; mais il ne faut terminer le marché qu'après un essai de douze à quinze jours.

Un bon chien ne doit pas seulement garder le troupeau du côté où se trouve le berger; il faut qu'il sache encore faire la police du côté opposé. Quand il est jeune, il mord trop souvent et, parfois gravement, les moutons. On a conseillé, pour remé-dier à ce défaut sérieux, de couper les crochets et les incisives. Nous ne partageons pas cet avis; nous préférons recourir à la correction énergique après chaque faute commise ou, en cas de nécessité, à la muselière pendant le service et mieux au bâillon métallique.

Depuis quelques années, M. Ernest Menault, inspecteur général de l'agriculture, a présidé quelques concours de chiens de berger qui ont donné des résultats satisfaisants et qu'on ne saurait trop encourager. Il ne faut pas oublier que le bon berger de-vient de plus en plus rare et qu'il faut l'aider en lui facilitant les moyens de se procurer de bons auxiliaires.

Il est des contrées, heureusement de plus en plus rares en France, où les moutons doivent être défendus contre les loups. On emploie à cet effet des chiens d'autres races et, en particu-lier, les *mâtins*, ennemis nés des loups. Il est utile que ces animaux portent un collier armé de pointes aiguës qui, pour le cas où ils seraient surpris par des loups, ne permettraient pas à ceux-ci de les étrangler en sourdine.

DIVISIONS DU TROUPEAU. — Un troupeau complet se compose d'individus de sexes et d'âges différents, savoir : les *béliers;* les *brebis mères;* les *agneaux* et les *agnelles* qui peuvent être *agneaux de lait,* et *agneaux gris* ou *gandins* après le sevrage; les *antenais* et *antenaises* nés l'année précédente; enfin les *mou-tons adultes.* Mais un troupeau bien géré ne doit comprendre, en réalité, que les béliers, les mères, les agneaux et les antenais. On n'a jamais intérêt à conserver des animaux adultes qui, ne créant plus de capital, deviennent une cause de pertes. Un ovin ne peut gagner d'argent à l'éleveur que s'il est vendu à la bou-cherie avant l'âge maximum de deux ans ou environ. De même on n'a pas avantage à conserver une brebis mère, quelles que soient ses qualités, après le sevrage de son second ou au plus de son troisième agneau. Jusque-là, encore jeune, elle peut s'engraisser facilement, donnant une chair aussi fine et succu-lente que celle du mouton. Ce n'est pas l'avis des bouchers qui, sous le prétexte que la bête est une brebis, la payent moins cher, affirmant le fait inexact que la viande est moins bonne que celle du mouton, n'eût-elle même pas fait d'agneau. Les éle-veurs ne sauraient trop réagir contre cette prétention et cette exploitation déloyale des bouchers. Il est vrai qu'après un qua-trième agneau, une brebis s'engraisse moins bien et ne donne plus une proportion aussi importante, eu égard au poids vif, de bonne viande qu'après le troisième et surtout qu'après le second.

Les diverses catégories de sujets composant un troupeau doivent être séparées, chacune d'elles exigeant des soins parti-culiers. Les produits ne sont d'ailleurs pas les mêmes et on a intérêt à connaître ce que peut donner, dans une même année, chacune des catégories.

MARQUE. — Si un berger sérieux connaît individuellement chaque bête du troupeau à lui confié, il faut néanmoins que les individus composant une catégorie déterminée puissent être distingués les uns des autres par le propriétaire, qui n'a pas les mêmes loisirs que le berger pour observer ses animaux; d'où la nécessité d'une *marque* indélébile. Les moutons se marquent à l'oreille. On peut, à l'aide d'une pince à tatouer, mettre des chiffres sur les oreilles.

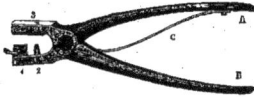

Fig. 27.

Mais les marques ainsi faites sont souvent peu visibles, difficiles à lire et s'effacent. Nous préférons l'emporte-pièce (fig. 27) à l'aide duquel on fait, aux bords et dans l'épaisseur de chaque oreille, des marques analogues aux marques du jeu de piquet. C'est ce procédé qui est employé à l'École de Grignon (fig. 28). Nous connaissons beaucoup d'exploitations où les moutons sont marqués de cette façon. Les entailles du bord supérieur de l'oreille gauche représentent les unités, les dizaines sont marquées au bord inférieur; et on donne la valeur de cinq unités à l'encoche de la pointe. A l'oreille droite les entailles du bord supérieur donnent les centaines; celles du bord inférieur valent cinq cents l'une; celle de la pointe vaut cinquante, et un trou dans le milieu de la conque signifie mille. En sériant les marques on peut distinguer aisément chacune des catégories du troupeau.

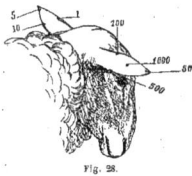

Fig. 28.

On peut aussi attribuer telle valeur conventionnelle que l'on voudra aux encoches et aux trous. Les agneaux ne se marquent qu'après le sevrage.

REGISTRE DU TROUPEAU. — Il serait bon d'avoir un registre sur lequel chaque numéro de chaque série figurerait avec ses qualités individuelles. S'il s'agit d'une mère, on indiquerait ses qualités laitières, son affection pour ses agneaux, les qualités de sa toison, etc. Quand on inscrirait les agneaux sur ce registre, on indiquerait, avec les dates respectives des naissances, les qualités du père et de la mère, etc.

CHAPITRE VI

PRODUCTION DE LA VIANDE.
ENGRAISSEMENT DU MOUTON. VENTE DES PRODUITS

Il y a trois sortes de viande de mouton : *Viande d'agneau de lait, Viande d'agneau gris, Viande de mouton adulte.*

VIANDE D'AGNEAU DE LAIT. — Si l'agneau de lait peut se produire partout en France pour la consommation, il ne se fait en grand que dans les localités où on exploite les mères pour la fabrication de fromages divers, comme dans le département de l'Aveyron, par exemple. Il est des villes du Midi où la consommation de l'agneau de lait est assez commune. C'est vers l'âge d'un mois à six semaines que l'agneau de lait se vend à la boucherie. Il ne demande pas de soins particuliers. Les meilleurs sont ceux qui ont tété leurs mères jusqu'à l'heure de l'abatage. Il importe que les brebis soient fortement nourries en aliments riches pendant la gestation et pendant l'allaitement. Cette viande est peu sapide, et il faut une certaine habitude pour la trouver assez bonne.

VIANDE D'AGNEAU GRIS. — On appelle *agneau gris* le jeune ovin très bien nourri à la mamelle et avec des aliments concentrés jusqu'au moment de la vente, qui a lieu entre les âges de 4 à 8 mois environ. Cette viande n'a plus la pâleur de celle d'agneau de lait, elle n'est pas non plus rouge comme celle du mouton ; elle a simplement une teinte rosée se rapprochant plus ou moins du rouge. Toutes les races ovines ne peuvent donner cette sorte de viande avec les qualités recherchées. Il n'y a guère que les moutons southdowns, les berrichons et les mérinos précoces qui puissent la fournir avantageusement pour le producteur. La viande d'agneau gris est assez succulente ; bien que peu accentué, son goût est fin. C'est une viande de luxe qui plaît à certains palais et qui a l'avantage de se vendre, à poids égal, plus cher que la viande de mouton ou d'agneau de lait. Elle convient bien aux malades.

L'animal, préparé pour donner cette sorte de viande, boit à satiété le lait de la mère, elle-même fortement nourrie. Puis, dès que l'agneau peut manger, on lui sert des aliments riches, tels que des tourteaux, du son, des grains et particulièrement de l'avoine aplatie, du blé, du seigle concassés. On donne en même temps des fourrages et d'autres aliments, betteraves par exemple, mélangées à des balles et légèrement fermentées. En un mot, on donne la même nourriture que celle qui convient aux agneaux au moment du sevrage en augmentant un peu la ration des aliments concentrés. Le petit animal grandit et augmente assez vite de poids. Il n'est jamais vraiment gras ; car l'alimentation donnée en excès est surtout employée à l'accroissement. Nous recommandons rigoureusement de ne pas abuser du son qui renferme toujours un excès de matières minérales. Celles-ci, non entièrement utilisées à l'accroissement du squelette, déterminent assez fréquemment de la gravelle, dont les grains, obturant le canal de l'urèthre amènent la mort rapide par déchirure de la vessie.

Il est des éleveurs qui préparent pour la boucherie des agneaux intermédiaires entre l'agneau de lait et l'agneau gris, mais qui se rapprochent de ce dernier, bien que la viande obtenue soit assez blanche. Ces agneaux sont vendus vers l'âge de quatre ou de quatre mois et demi ; cette sorte de viande est produite, avec des soins tout particuliers, par notre distingué collègue, M. Jolivet, de l'École pratique d'agriculture du Chesnoy. C'est à son obligeance, dont nous sommes heureux de le remercier ici, que nous devons les indications intéressantes qui suivent :

« A l'âge de 3 à 4 semaines, on laisse les agneaux (métis southdown-berrichons) se promener dans un compartiment spécial où ils peuvent entrer et sortir à volonté ; les mères n'y peuvent pas pénétrer. Ce compartiment est muni d'augettes dans lesquelles on met du gros son dont les agneaux sont assez friands ; quelques jours plus tard, on ajoute au son quelques grains d'avoine, d'orge et de seigle dont on augmente la quantité suivant leur appétit. A 2 mois on ajoute du tourteau de lin concassé. Les râteliers sont garnis de regain de luzerne et sainfoin mis à part à la récolte. Dans les augettes, lorsque le mélange de son, grain et tourteau, a été absorbé, on met, par agneau, environ 2 litres de betteraves hachées. Dans les deux derniers mois de l'engraissement, les agneaux continuant à téter leurs mères, les rations individuelles sont établies comme suit :

Avoine	0 k. 030 grammes
Seigle	0 » 045 —
Son	0 » 020 —

Tourteau de lin	0 » 050 grammes
Regain	0 » 100 —
Betteraves	0 » 500 —

« Les animaux accroissent rapidement et régulièrement jusqu'au moment où le lait des mères commence à diminuer. Le moment de les vendre est d'ailleurs arrivé. C'est en avril qu'ils partent pour Paris. Le poids moyen de 60 agneaux expédiés le 10 avril 1900 a été de 36 k. 760. C'est un beau résultat. »

VIANDE DE MOUTON. — Cette viande provient de l'animal âgé de un an au moins. Les animaux âgés de plus de 2 à 3 ans deviennent durs à l'engraissement, coûtent plus cher et ne produisent pas autant. S'il est des races dont les sujets sont faits vers 12 à 15 mois, il en est d'autres dont les individus ne sont pas adultes avant 18 mois ou 2 ans.

L'éleveur ou le producteur n'est ordinairement pas l'engraisseur. Ce dernier n'a pas une culture organisée pour la production; mais il peut, pendant l'hiver, préparer des moutons pour la boucherie.

CHOIX DES BÊTES D'ENGRAIS. —Le producteur, qui ne vend pas tous ses agneaux et toutes ses brebis de réforme, est parfois obligé de les engraisser. Il n'a pas à choisir ses bêtes d'engrais, il faut que tout parte. Il n'en est pas de même de celui qui achète des animaux maigres pour les revendre gras. Ce dernier a tout avantage à choisir les sujets à soumettre à l'engraissement, qui doit durer le moins de temps possible pour être avantageux. On a beaucoup plus de gain en engraissant rapidement deux ou trois lots de 20 moutons, par exemple, qu'en engraissant un seul lot de 30 ou 40. Pour choisir les bêtes à engraisser, il faut tenir compte de la race, de l'âge, de l'état d'embonpoint, de la conformation et aussi de l'exigence des acheteurs. Ces derniers, les bouchers, achètent ce qu'ils vendent le mieux à leur étal.

Il est des races ayant une très grande aptitude à l'engraissement rapide, mais qui donnent trop de graisse de couverture et, par conséquent, de déchets culinaires; c'est le cas du dishley, par exemple. Ce mouton est d'ailleurs peu prisé du consommateur. Il en est d'autres, comme les southdowns, les berrichons, les solognots qui sont rapidement gras et donnent une viande appréciée. Le southdown a, à un moindre degré il est vrai, les inconvénients du dishley. Ces animaux, d'un poids moyen favorable, plus durs à l'engraissement que les moutons d'un fort poids, toujours plus durs à l'engraissement. Nous avons dit déjà pourquoi il fallait préférer les animaux jeunes aux vieux. L'état d'embonpoint n'est pas indifférent par la raison qu'un mouton, déjà en chair, est bien plus tôt prêt à la vente qu'un mouton maigre qui coûtera plus du double à engraisser.

Les moutons bien conformés, à dos, à reins et à croupe larges et longs, à gigots épais, ronds et bien descendus, sont préférables à ceux qui ont le garrot saillant, le dos étroit et court, les gigots minces.

Fig. 29.

Il est facile de s'assurer de l'aptitude à l'engraissement d'un mouton en le maniant; ce qui est simple à faire. Les *maniements* du mouton se touchent à la croupe, à côté de la naissance de la queue, aux lombes, au garrot et à la poitrine. Le *maniement de la croupe* (fig. 29) se perçoit en pinçant, entre le pouce et les deux premiers doigts, la peau de la région. Si le tissu conjonctif paraît lâche, si la peau est mince, la graisse s'accumulera facilement dans la région. On manie les *lombes* en appliquant la main, grande ouverte, à plat, en embrassant toute la région. On sent si la chair remplit bien les gouttières comprises, de chaque côté, entre l'épine vertébrale et les apophyses transverses des vertèbres lombaires. On perçoit de la même façon la largeur du sujet au *garrot*, au niveau des épaules, où doivent se trouver de grosses masses musculaires. On manie la *poitrine* ou *bréchet* en saisissant à pleine main la région de la poitrine comprise entre les membres antérieurs.

ENGRAISSEMENT. — Il y a deux sortes d'engraissement : l'engraissement extensif ou aux pâturages; l'engraissement intensif ou de pouture à la bergerie. Il est même une troisième sorte, l'engraissement mixte.

Engraissement extensif. — C'est le mode d'engraissement le plus économique et ayant en outre l'avantage de produire la viande la meilleure et la plus estimée. Les moutons sont conduits dans les pâtures les moins éloignées, pour ne pas perdre, par la fatigue du parcours, le bénéfice de ce qu'ils auront consommé. Le mouton a l'avantage de mettre en valeur des friches fournissant une herbe fine et aromatique; c'est là qu'on conduira de préférence les animaux. On peut aussi les mener dans des prés où ils utiliseront ce que n'ont pu prendre le bœuf et même le cheval. Les moutons s'engraissent surtout rapidement dans les chaumes de graminées où ils trouvent des grains, des épis entiers et des herbes fines.

Nous ne parlons pas ici de la *transhumance*, spéciale aux contrées montagneuses.

Engraissement mixte. — Quand les animaux ne trouvent pas, au dehors, une alimentation suffisante, on est obligé de leur donner à la bergerie un complément composé de regains divers et d'aliments concentrés : sons, tourteaux, grains concassés ou aplatis, etc.

Engraissement intensif. — On engraisse les moutons à la bergerie dans les exploitations où on dispose de matériaux qui ne sauraient trouver un emploi plus fructueux, telles les pulpes de betteraves. De même on engraisse quand on trouve un avantage à faire consommer des produits récoltés plutôt que de les conduire au marché. Aussi bien, pendant l'hiver, les moutons laissent à la bergerie tous leurs déchets qui seront utilement employés à la fumure des sols.

Rossignol et Dechambre indiquent des formules de rations, faciles à modifier, nous paraissant devoir donner satisfaction. Elles sont calculées par tête de mouton :

1° Pulpes et menue paille............ 5 kilogr.
    Fourrage........................ 0 k. 500
    Avoine aplatie.................... 0 k. 500
    Paille à discrétion................ —

2° Rations des deux premiers mois d'engraissement :

    Betteraves...................... 5 kilogr.
    Avoine concassée................. 0 k. 250
    Fourrage........................ 2 k. 500
    Paille d'avoine.................. 1 k. 300

Six semaines avant la vente, la ration est augmentée et devient la suivante :

3° Betteraves...................... 8 kilogr.
    Avoine concassée................. 0 k. 500
    Fourrage........................ 2 k. 500
    Paille d'avoine.................. 1 k. 300

L'aliment concentré peut être autre que l'avoine. Nous considérons même les tourteaux comme plus avantageux parce qu'ils sont, à poids égaux, plus riches et moins coûteux que l'avoine. On peut de même donner d'autres grains : blé, orge, seigle ou encore des féveroles et des pois.

M. Sanson indique aussi des formules de rations d'engraissement ; nous n'avons eu qu'à nous en louer pour amener assez rapidement des animaux à l'état de demi-gras. En augmentant la quantité des aliments concentrés et en diminuant celle des aliments grossiers peu nutritifs, l'engraissement est bientôt assez parfait pour donner une juste proportion de viande et de graisse.

Les formules ci-dessous sont indiquées pour une tête :

1° Pulpe de betterave pressée............	0 k. 510
Betteraves fraîches..................	0 k. 510
Paille de fèves......................	0 k. 405
Paille de froment...................	0 k. 405
Tourteau d'arachides................	0 k. 060
Fèves concassées....................	0 k. 075
2° Pulpe de betteraves pressée.........	0 k. 810
Paille de froment...................	0 k. 220
Foin de luzerne.....................	0 k. 216
Tourteau de coton...................	0 k. 115
Son de froment......................	0 k. 138
3° Foin de pré.......................	0 k. 210
Betteraves..........................	1 k. 550
Balles d'avoine.....................	0 k. 160
Tourteau de colza...................	0 k. 120
Son de froment......................	0 k. 075
4° Foin de pré.......................	0 k. 330
Marc de raisin......................	2 k. 000
Tourteau de sésame..................	0 k. 170

La ration sera donnée en quatre repas, trois au moins. On aura soin de servir d'abord les aliments les moins appétissants, betteraves, fourrages, pailles, et les aliments concentrés à la fin du repas. Il sera bon aussi de remplir les râteliers de paille pour la nuit qui, surtout en hiver, est longue. Il ne faut pas que les moutons à l'engrais souffrent de la faim. On veillera avec grande attention à ce que les baquets soient toujours remplis d'eau fraîche. Il arrive souvent que, faute d'eau à discrétion, le mouton altéré cesse de manger ; c'est une cause de retard pour l'engraissement. Nous ne saurions trop recommander de faire des pesées tous les huit ou dix jours au plus, afin de constater si l'engraissement progresse normalement ou se ralentit. On peut peser, sur des bascules communales, dix animaux à la fois.

APPRÉCIATION ET RENDEMENT DU MOUTON GRAS. — On apprécie le degré d'engraissement du mouton en maniant les régions du corps que nous avons indiquées page 52. On sait que le *rendement* varie avec l'état d'embonpoint et, à état égal, avec les individus et avec la race.

Un mouton peu précoce, mais en bon état et bien préparé pour la vente, peut rendre de 48 à 49 pour 100 ; il est des berrichons qui atteignent facilement 50 pour 100 ; des gâtinais ne donneraient que 45 à 46 pour 100. Les southdowns et les dishleys arrivent, après une bonne préparation, à dépasser 64 à 65 pour 100. Les mérinos précoces du Châtillonnais donnent au moins 55 et même 60 pour 100, mais avec beaucoup moins de déchets que les deux derniers.

Le rendement des agneaux de lait, quels qu'ils soient, dépasse rarement 50 % ; mais celui des agneaux gris atteint souvent 55 % et particulièrement quand il s'agit de southdown et southdown-berrichons.

Nous répétons qu'un mouton engraissé au pâturage fournit une viande incomparablement supérieure, comme finesse et sapidité, à celle du mouton engraissé à la bergerie, et surtout à celle d'un animal engraissé par la pulpe.

VENTE DES PRODUITS. — A moins d'être très habile dans l'appréciation du mouton gras, nous ne conseillerons jamais de vendre des animaux à forfait, sans s'être bien rendu compte à l'avance du poids des sujets et de leur rendement individuel probable. On ne peut davantage vendre au poids net. Ce serait certainement le mode le plus équitable de vente; mais si l'on demeure loin de l'abattoir, les déplacements ne compensent pas la perte, d'ailleurs sans importance, que l'on pourra faire en vendant au poids vif. C'est à ce dernier mode que nous donnons la préférence, parce qu'à très peu près, quand on a l'habitude du mouton, on sait le rendement qu'obtiendra l'acheteur.

CHAPITRE VII

PRODUCTION ET VENTE DE LA LAINE

Le produit en laine, donné par chaque individu, lui est particulier; il n'y a aucun procédé de gymnastique fonctionnelle pour l'augmenter ou le réduire. Cette production est déterminée par le nombre de follicules laineux contenus dans la peau du mouton. Les moutons souffrants, malades ou mal nourris donnent une laine de moins bonne qualité. Il en est de même des brebis nourrices si, pendant la période d'allaitement, elles n'ont pas une alimentation abondante et, en tout cas, suffisante. Pendant les

périodes de maladie ou de jeûne, le diamètre du brin de laine diminue pour reprendre après la guérison ou pendant l'alimentation abondante. Il en résulte que ce brin est cassant dans la partie moyenne, par exemple, à raison de son moindre diamètre. Si l'on prend une mèche sur un animal ayant souffert et qu'on l'examine par transparence, on voit très bien la moindre épais-

Fig. 30.

seur de cette mèche à la partie correspondante au temps de la maladie ou du jeûne. C'est ce que l'on appelle la *laine à deux bouts,* On comprend d'ailleurs que l'alimentation ait une influence sur la production lainière, la laine étant essentiellement une matière azotée sécrétée par l'individu. Plus il consommera d'albuminoïdes, plus la laine qu'il produira sera corsée.

Chaque année, une fois, on dépouille le mouton de sa toison par une opération appelée *tonte* et précédée ou non d'une autre opération, le *lavage à dos.*

LAVAGE A DOS. — L'opération du lavage à dos demande certaines précautions. Les animaux sont conduits près d'un cours d'eau. L'eau courante est à peu près indispensable. On organise, au bord de la rivière, un parc dont la moitié de la surface se trouve dans l'eau. On y enferme les moutons. Il faut quatre hommes pour mener à bien et rapidement le lavage. Deux de ces hommes prennent les moutons, l'un après l'autre, et les passent à deux autres qui sont dans l'eau. Ceux-ci trempent simplement les animaux et les remettent à terre. Quand tous les animaux ont été mouillés, ils sont ensuite repris un à un et, cette fois, ils sont soigneusement lavés jusqu'à ce que l'eau, sortant de la toison, soit limpide. Remis à terre, les animaux y sont laissés plusieurs heures, pour qu'ils sèchent (fig. 30).

Pour laver les moutons avant la tonte, il importe que les animaux n'aient pas une trop grande route à parcourir à pied. Le parcours dépassant trois kilomètres, aller et retour, est excessif.

Par le lavage à dos on nettoie la toison de toutes les impuretés, matières fécales, etc., qui peuvent la souiller. Mais on ne peut faire disparaître les poils ou les épines de végétaux qui s'y trouvent. On a aussi, par cette opération, fait disparaître une grande partie du suint qui imprègne la laine.

Fig. 31.

TONTE. — C'est au printemps que se fait la tonte annuelle; le mois de mai est le plus favorable. Avant cette époque, les moutons sont exposés au froid, à la pluie et même à la neige ; après le mois de mai, les animaux pourvus de leur toison souffrent de la chaleur.

On emploie, pour la tonte, deux instruments différents : les *forces* ou la *tondeuse*. Avec les forces (fig. 31) si le tondeur n'est pas habile ou pas soigneux, les animaux sont parfois gravement blessés. Les cicatrices, qui ferment les blessures, font perdre, pour l'année suivante, une quantité appréciable de laine. La tondeuse, avec un peu d'habitude, est plus facile à manier ; elle blesse moins les animaux ; mais elle permet de faire de fausses coupes qui diminuent la valeur de la toison. Malgré cet inconvénient, qui ne se produit jamais si le tondeur est adroit, la tondeuse est préférable.

Avec les ciseaux, peu employés, on peut donner au mouton une apparence avantageuse et, en quelque sorte, modifier les formes de l'animal. Il y a là une fraude que

Fig. 32.

l'on constate assez souvent dans les grands concours où les animaux sont présentés tondus.

Après la tonte, la toison est pliée en mettant, en dedans du paquet, la partie superficielle. On roule et on ficelle en une masse serrée (fig. 32).

VENTE DES LAINES. — La laine tondue en suint, préférée par les filateurs, se vend meilleur marché que celle qui est préparée après le lavage à dos. Cette dernière se vend ordinairement 80 à 90 pour 100 plus cher que la première. Nous vendions généralement le double du prix de la laine en suint. Mais l'opération du lavage, qui fait perdre à la toison jusqu'à 40 °/₀ de son poids, est coûteuse et n'est pas toujours compensée par la plus-value.

Les laines en général ne sont pas vendues directement au filateur; elles passent par des intermédiaires qui prélèvent un bénéfice scandaleux sur le producteur. Les commissionnaires, outre les bas prix imposés par eux, trouvent encore le moyen d'extorquer 4 à 5 °/₀ sur le prix total en exigeant, par exemple, qu'on leur livre 104 toisons pour 100. Il faut que le vendeur honnête, dont la laine est bonne et bien conditionnée, sache résister à des prétentions trop souvent justifiées par de mauvaises livraisons. Le producteur sans scrupules n'est pas rare, qui introduit ou laisse mettre dans les toisons des pelotes constituées par des matières fécales séchées autour de quelques brins de laine. Ils glissent aussi des fausses coupes faites à la tondeuse.

On a organisé à Reims, dès 1890, un marché public où les laines sont vendues à la criée et adjugées par un commissaire priseur. C'est un excellent moyen de mettre directement en rapport le producteur et le consommateur. Tous deux gagnent à ce mode de vente et d'achat. Un marché semblable vient d'être inauguré à Dijon, le 23 juin 1900. Il n'est pas douteux qu'il ne donne de bons résultats dans le pays du mérinos de Daubenton.

CHAPITRE VIII

PRODUCTION DU LAIT. — CHOIX DES LAITIÈRES

La production du lait de brebis en France est assez restreinte et n'est l'objet de soins particuliers que dans le Larzac, aux environs de Saint-Affrique (Aveyron), pour la production du fromage de Roquefort. Il y a là une industrie toute spéciale. Le lait de brebis entre aussi dans la fabrication des fromages de Sassenage et de Saint-Marcellin pour un dixième environ (A. Sanson).

Il paraît que, dans les environs de quelques grandes villes du midi, on fabrique des fromages de brebis à consommer à l'état frais. En Corse, dit-on, la crème du lait de brebis serait un mets recherché.

Il n'y a pas en réalité un choix spécial à faire de la brebis laitière. Celle-ci a les caractères de sa race, dont l'aptitude à la production du lait est prononcée. Comme toutes les femelles bonnes laitières, la brebis aura le squelette aussi fin que possible, les mamelles bien développées et recouvertes d'une peau fine, sous laquelle on apercevra de nombreux vaisseaux bien sinueux. Mais le meilleur moyen de faire un bon choix est de prendre des sujets d'une famille reconnue de longue date comme très bonne laitière, l'aptitude à la production du lait étant plutôt héréditaire qu'acquise.

CHAPITRE IX

AMÉLIORATION DES OVINS

Nous ne nous occuperons pas des améliorations au point de vue de la production du lait. Seules nous paraissent intéressantes les améliorations concernant la production de la viande et de la laine.

On améliore les moutons au point de vue de la production de

la viande en les rendant plus précoces. Les animaux deviennent adultes et donnent des produits parfaits avant l'âge où cela a lieu pour les animaux non soumis à des soins particuliers. C'est par la gymnastique de l'appareil digestif que l'on obtient la *précocité* ou *développement hâtif.*

Il existe une corrélation entre le développement hâtif du squelette, la soudure des extrémités osseuses et l'évolution des dents de seconde dentition. Quand toutes les dents ont acquis leurs dimensions normales, que ce soit à 2 ou à 4 ans, on a la certitude que le squelette est achevé et que l'animal est parvenu à l'âge adulte.

Le jeune sujet vit d'abord du lait de sa mère, qui est un aliment complet, favorable à l'accroissement. Au sevrage, l'agneau trouve, dans les jeunes pousses des plantes, une alimentation dont les éléments sont, quant aux proportions et à la digestibilité, convenablement associés et se rapprochent de ceux du lait. Arrive la mauvaise saison, le petit ne trouve plus que des aliments insuffisants pour l'entretenir et le développer. Il y a arrêt dans la croissance, la nourriture d'entretien étant parfois au-dessous des besoins. Si, au lieu des aliments médiocres ou pauvres, on donne des aliments concentrés, riches en azote, en acide phosphorique et en sels calcaires, pendant l'hiver, il n'y aura pas arrêt de développement et on gagnera ainsi plusieurs mois. Les aliments favorables sont fournis par les graines de légumineuses, les grains, les tourteaux, les farines diverses, les

sons. On obtient ainsi en 12 à 15 mois ce que l'on n'obtient d'habitude qu'en deux et trois ans.

C'est par ce procédé d'alimentation au maximum des mères pendant la gestation et pendant l'allaitement, et des agneaux avant et après le sevrage, que Bakewell est arrivé à faire ses dishleys d'une extrême précocité.

Lorsque l'on veut conserver une race, on ne peut la rendre meilleure productrice de bonne viande que par la sélection rigoureuse des mâles et des femelles, présentant la plus belle conformation de la bête de boucherie, et par l'alimentation intensive.

Par les croisements on fait des produits métis, d'une précocité relative et plus ou moins accentuée selon les débouchés, et qui se vendent bien.

Quant aux améliorations concernant la production de la laine, on peut augmenter la valeur de ce produit chez les animaux à laine grossière ou commune par des croisements avec des types à laine fine ou extra-fine, et sans négliger l'alimentation. Celle-ci est particulièrement importante; car il est d'observation constante que les moutons mal nourris et mal soignés, quelles que soient d'ailleurs les aptitudes de race, ont toujours une laine plus médiocre, moins souple, moins élastique, moins forte que les animaux rationnellement et richement alimentés.

De tous les procédés d'amélioration, il n'en est aucun qui soit supérieur et plus économique même qu'une bonne alimentation régulièrement suivie.

TROISIÈME PARTIE

HYGIÈNE ET MALADIES

CHAPITRE PREMIER

HABITATIONS

BERGERIE. — On appelle de ce nom l'habitation d'un troupeau de moutons, comprenant des mères, des antenais, des agneaux, des béliers et des neutres. Pour qu'une bergerie soit bien établie, il importe qu'elle réponde à tous les besoins hygiéniques et zootechniques. Il faut que l'orientation, l'aération, les dispositions intérieures soient satisfaisantes; que la distribution des aliments soit commode et que le propriétaire ait toutes facilités pour diviser son troupeau suivant les âges, l'état de gestation et l'allaitement.

Aujourd'hui le mouton, en France du moins, ne vit pas exclusivement dans les pâturages. On a beaucoup restreint le régime pastoral; d'où la nécessité d'un logement convenable à la ferme même. Si le mouton redoute la chaleur, il ne craint pas le froid contre lequel il est protégé par sa toison. Mais aussi il importe que cette toison ne soit pas altérée par les phénomènes météorologiques. Si, dans certaines contrées, le mouton peut n'être jamais abrité, il n'en saurait être de même dans la plupart des régions de notre pays. L'atmosphère pure et fraîche des lieux élevés est nécessaire à la santé du mouton, bien que, à l'état domestique, il se soit accommodé de la vie de plaine.

Aération. — Il importe qu'une *bergerie* soit parfaitement aérée. Il n'est pas besoin pour cela de calculer la capacité du local en mètres cubes; car on sait que la quantité d'oxygène nécessaire à la respiration arrive à travers les parois mêmes, toujours perméables à des degrés variables, suivant les matériaux de construction. L'air respirable conserve sa qualité essentielle tant qu'il peut diffuser l'acide carbonique provenant de l'expiration. La respiration n'est en rien gênée tant que la température du logement n'atteint pas une limite très sensiblement voisine de + 18° centigrades. Il faut donc prendre des dispositions pour que la température d'une bergerie reste au-dessous de cette limite et qu'elle ne s'abaisse pas trop pendant la saison froide qui, pourtant, n'est redoutable qu'à l'époque de l'agnelage. Il est bon de se rappeler que le froid excessif, augmentant les déperditions, accroît en pure perte les frais de nourriture. La température favorable est comprise entre + 12° à + 15° centigrades.

On peut loger des moutons sous des abris fermés de trois côtés et offrant, du côté ouvert, un mur en maçonnerie de 1 mètre à 1ᵐ,20 de hauteur. C'est de ce côté que se trouvent les *portes*, qui ne seront jamais exposées aux vents dominants ni aux rayons constants du soleil. Pour la saison d'hiver ce petit mur peut être surmonté d'une cloison en bois à claire-voie qu'il est toujours facile de clore à l'aide de paillassons. Il est une disposition très ingénieuse de bergerie qui se rencontre à l'Ecole de Grignon et que M. Sanson a décrite : « Du côté du nord, la bergerie est flanquée de hangars ouverts à tous les vents et communiquant avec elle par des portes. Hormis dans les temps les plus froids et durant l'agnelage, ces portes restent ouvertes et les animaux, quand ils éprouvent le besoin de se rafraîchir, les franchissent pour aller se mettre à l'air libre. De cette façon ils ne sont réellement incommodés ni par la chaleur ni par le froid. »

Orientation. — Une bergerie peut être orientée du nord au sud avec possibilité d'ouvrir du côté nord en été et du côté sud en hiver. On peut, suivant les dispositions du terrain et suivant l'emplacement dont on jouit, orienter sans inconvénient de l'est à l'ouest, pourvu qu'il soit toujours possible de maintenir une température constante de + 12° à + 15° centigrades.

Portes. — Pour éviter les accidents, étant donnée la stupidité des moutons qui veulent tous entrer en même temps à la bergerie, il est de toute nécessité de multiplier les portes qui doivent être à deux battants et pourvus de plans inclinés latéraux qui rétrécissent le passage. Les portes, si elles ne sont pas à glissière, doivent toujours s'ouvrir de dedans en dehors, pour ne pas déranger ou blesser les animaux couchés près d'une ouverture.

Fenêtres. — Les fenêtres seront toujours nombreuses, grandes et placées assez haut pour assurer le dégagement des gaz. Il faut que la lumière pénètre largement par les fenêtres situées en regard des portes. Devant être ouvertes en été, ces fenêtres seront garnies de toiles métalliques pouvant arrêter les insectes ailés, tels que les œstres si dangereux pendant l'été.

Plafond. — Il n'est pas indispensable; mais s'il existe, il doit être aussi élevé que possible.

Aire. — Il faut tenir compte du nombre et de la race des ani-

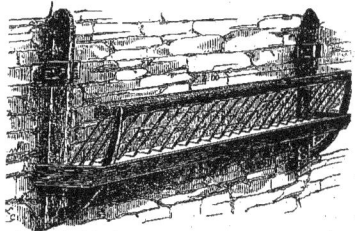

Fig. 33.

maux à loger pour donner à la bergerie une étendue superficielle convenable. Tous les animaux doivent pouvoir se reposer à l'aise. Quand, dans un troupeau, le nombre des femelles est considérable, il faut toujours une plus grande surface que si l'on n'a que des moutons à loger. L'aire nécessaire à chaque tête, dit A. Sanson, est d'au moins 50 centimètres carrés. Il faut défalquer de la surface totale la superficie occupée par les mangeoires et les râteliers disposés de telle façon que tous les animaux puissent prendre leur repas à l'aise. Il faut, selon les races, environ 0m,30 à 0m,40 pour chaque tête.

Râteliers et mangeoires. — Les râteliers, avec les mangeoires, peuvent être fixés sur des soubassements en maçonnerie. Mais ces râteliers peuvent être élevés ou baissés selon les besoins. Leurs extrémités glissent sur des poteaux fixes (fig. 33). Il y a toujours avantage à avoir des râteliers mobiles, doubles et transportables, ou *doubliers*, facilitant la division de la bergerie en travées ou compartiments plus ou moins nombreux suivant les besoins du troupeau. C'est ainsi qu'il est possible de bien affourager sans déranger les

Fig. 31.

animaux et sans que le berger lui-même soit embarrassé par les moutons qui se pressent du côté où arrive la nourriture. Quand la répartition des aliments est faite dans une travée, on passe à la suivante et ainsi de suite, de telle façon qu'il reste toujours au moins une travée disponible.

La nécessité de la division de la bergerie en compartiments s'impose encore parce que les mères pleines ou nourrices, les antenais et les agneaux ne peuvent être alimentés comme les moutons, par exemple.

Les râteliers sont rendus mobiles en les plaçant sur des tréteaux qu'il est possible d'élever ou d'abaisser à volonté au moyen de supports métalliques, ou tiges de fer, placés librement dans des trous dont sont percés les pieds des tréteaux.

Pour que les moutons puissent manger à l'aise on place, au milieu des travées, des râteliers, avec mangeoires circulaires, ordinairement métalliques (fig. 34).

On dispose encore des râteliers simples ou doubles suspendus, par des châssis, au plafond de la bergerie. Nous ne sommes pas partisan de ce système.

Robinets à eau et baquets. — Autant que possible, chaque travée doit avoir un robinet à eau au-dessous duquel est placé un baquet servant à abreuver les animaux. Chaque jour, au moins une fois, le baquet doit être vidé, nettoyé, puis rempli d'eau fraîche. Faute du robinet, on doit apporter l'eau au seau et au moins deux fois en vingt-quatre heures.

Propreté et entretien. — La bergerie doit être nettoyée à fond de temps à autre ; mais il est inutile de la nettoyer chaque jour ou même chaque semaine, étant donnée la sécheresse relative du fumier de mouton. Il y a avantage à ce que le fumier ne soit enlevé que cinq ou six fois par an environ. Mais c'est à la condition que des litières fraîches soient mises aussi souvent que le besoin s'en fait sentir, afin d'éviter l'altération des toisons.

Loges à béliers. — Dans le voisinage, et aussi près que possible, sinon même dans un coin de la bergerie doivent se trouver des loges, solidement contruites et d'ordinaire en bois, pour séparer les béliers. Les cloisons séparatives auront environ 1m,50 de hauteur. Les béliers, à raison de leur caractère batailleur, seront seuls autant que possible, chacun dans une loge contenant un râtelier, une mangeoire et un baquet à eau.

Annexe. — A la bergerie sera annexée une construction qui servira de magasin journalier à fourrages et en même temps de chambre à mélanges pour la préparation des aliments. Cette annexe pourra dépendre même de la bergerie si celle-ci est assez vaste. Néanmoins, il sera toujours préférable, si la chose est économiquement possible, que cette annexe soit séparée de la bergerie. Dans celle-ci, en effet, les aliments, pendant leur préparation et par un séjour, quelquefois prolongé, prendraient un goût tel que les animaux pourraient les refuser.

Bergerie d'attente. — Assez loin de la bergerie elle-même on devra avoir un local servant de bergerie d'attente ou de *lazaret*. C'est là que seront placés les animaux malades ou ceux nouvellement introduits dans la ferme. Ces derniers ne devront être mis dans le troupeau que lorsqu'on aura acquis la certitude qu'ils ne sont atteints d'aucune maladie contagieuse. Nous insistons sur la nécessité de ce local d'attente. Nous avons été souvent témoin de l'invasion de maladies contagieuses graves dans des exploitations où l'on n'avait pas voulu prendre les précautions indiquées. La dépense occasionnée par la construction d'un hangar d'attente ne sera jamais inutile et rendra le plus souvent de très grands services.

PARCAGE. — M. A. Sanson dit, avec raison, que le *parcage* est plutôt une opération agricole que zootechnique. Il consiste à laisser séjourner des moutons nuit et jour, dans certains terrains que l'on veut fumer économiquement. Le parc est constitué par des claies entre lesquelles les animaux sont enfermés. Il y a, à cette opération, de graves inconvénients. Il faut apporter la nourriture d'une part, et, d'autre part, les toisons se salissent et s'altèrent par la terre, la boue et les intempéries. Il faut en outre un gardien spécial. On ne peut en tout cas faire parquer des animaux dont la toison est précieuse, non plus que ceux qui sont améliorés et précoces.

CHAPITRE II

ALIMENTATION DES MOUTONS

Nous avons vu précédemment de quelles sortes d'animaux se compose un troupeau, béliers, brebis mères, moutons, antenais, agneaux sevrés et agneaux de lait. A chacune de ces sortes il y a lieu de donner une alimentation particulière à raison de leurs besoins physiologiques. Nous pouvons tout d'abord poser ce fait : que tout ovin devant, en fin de compte, donner le maximum de viande qu'il est possible d'en obtenir, son alimentation devra toujours être succulente et abondante sans gaspillage. En un mot il faut nourrir les moutons le mieux possible; c'est le seul moyen d'en obtenir des produits rémunérateurs. L'alimentation du mouton se fait aux pâturages et à la bergerie.

Nous n'avons pas à traiter ici de l'alimentation des agneaux à la mamelle et après le sevrage. Il nous reste à dire quelques mots de celle qui convient aux brebis mères en gestation ou nourrices, aux moutons adultes, aux antenais et aux béliers.

Quelle que soit la sorte de moutons à conduire aux pâturages, ceux-ci doivent être choisis sur des terrains secs, à sous-sol perméable, ne laissant jamais l'eau s'accumuler en flaques. Les pâturages humides sont toujours nuisibles. C'est au bord des flaques de ces pâtures que le mouton trouve la larve de la douve hépatique accompagnant presque toujours l'hydrohémie ou pourriture. Les moutons paissent d'ailleurs avec profit les herbes fines et aromatiques des lieux élevés qui ne peuvent être utilisées par les bovins.

ALIMENTATION DES BREBIS MÈRES. — Ces animaux ne peuvent être conduits que dans des pâtures aussi rapprochées que possible de la bergerie. Les mères souffrent toujours de la fatigue occasionnée par les longs parcours et c'est aux dépens de l'agneau qu'elles portent ou qu'elles allaitent. Il ne nous paraît pas possible d'indiquer un moyen sûr de savoir si les animaux trouvent une nourriture satisfaisante dans les pâturages. Néanmoins, par l'observation et une certaine expérience on se rend bientôt compte de la suffisance ou de l'insuffisance de l'alimentation. Il y a lieu, dans le second cas, ou de trouver une autre pâture ou de donner un complément à la bergerie. Il ne faut jamais qu'une brebis pleine ou nourrice souffre de la faim.

A la bergerie, pendant l'hiver, les mères devront trouver des rations abondantes et choisies. Il importe de leur donner, en petite quantité, les aliments grossiers. Ceux-ci, en effet, surchargent l'estomac, sont d'une digestion difficile et presque sans profit. On ne devra jamais donner des fourrages poudreux, vaseux, moisis qui peuvent empoisonner le fœtus et provoquer l'avortement ou altérer le lait de la nourrice. Les racines fourragères et les tubercules, par leur eau de composition, conviennent bien aux brebis. On les sert *coupés* et en mélange avec des fourrages et des pailles hachés, ou des balles de céréales. La ration sera complétée par l'addition d'aliments riches : soit grains concassés ou aplatis, graines de légumineuses, pois, fèves, lentilles, vesces, tourteaux, en proportion raisonnable pouvant varier, selon ce dont on dispose, de 150 à 250 grammes environ.

Quel sera le poids total de la ration quotidienne? Nous ne croyons pas nécessaire ni même possible de fixer des chiffres précis; car l'appétit et la puissance digestive varient avec les individus. L'essentiel est qu'il n'y ait pas de perte. Or, les brebis ont assez lorsqu'elles laissent des aliments, et manquent de nourriture lorsqu'elles ne laissent rien.

Les baquets, bien nettoyés chaque jour, seront toujours remplis d'eau fraîche.

ALIMENTATION DES MOUTONS ADULTES. — Les animaux de cette catégorie, étant toujours en voie de préparation pour la boucherie, doivent être traités comme des bêtes d'engrais.

ALIMENTATION DES ANTENAIS. — Les femelles antenaises déjà fécondées ou devant l'être prochainement sont traitées comme les brebis mères. Nous n'avons à nous occuper que des mâles. Tout en les conduisant, pendant la belle saison, dans des pâturages sains et secs, on peut les envoyer plus loin que les brebis mères. Il ne ressentent pas autant les effets de la fatigue. Dans les belles journées d'hiver on peut encore, avec profit, les mener paître pendant les heures les moins froides de la journée. Le peu qu'ils consomment atténue toujours la dépense d'alimentation à la bergerie. A mesure que l'antenais vieillit, on peut lui donner des aliments grossiers, fourrages et pailles divers de bonne qualité. On peut aussi pour eux, à mesure de leur développement, diminuer la quantité d'aliments concentrés servis aux agneaux après le sevrage. D'ailleurs, dès l'âge de 15 mois, et même plus tôt, ils peuvent être mis à l'engraissement. Mais, quelle que soit l'alimentation, on n'a jamais rien à perdre et on a tout à gagner en nourrissant abondamment en principes succulents. On favorise ainsi la précocité en hâtant la vente des animaux à la boucherie.

ALIMENTATION DES BÉLIERS. — Les béliers recevront d'abord la même nourriture que le reste du troupeau. Dans le mois qui précède la lutte pendant laquelle l'animal va se fatiguer et dépenser une quantité importante d'azote, il faut augmenter la ration d'aliments concentrés et y ajouter une certaine quantité d'avoine, 250 à 500 grammes par jour, nécessaire à l'excitation génésique. Mais cette avoine sera substituée à d'autres aliments concentrés qui, étant en excès, amolliraient le bélier en favorisant son engraissement.

En résumé, qu'il s'agisse de jeunes, d'adultes, de nourrices ou de reproducteurs, on a tout à gagner à les nourrir au maximum. Le mouton paye toujours largement sa nourriture; et d'ailleurs si « à bien nourrir on ne gagne guère, à mal nourrir on perd tout ».

CHAPITRE III

MALADIES

Les animaux de l'espèce ovine peuvent être atteints d'un grand nombre de maladies dues, pour la plupart, à de sérieux manquements aux règles de l'hygiène. Le mouton est, en soi, un animal assez délicat qui, à part le froid assez bien supporté, est sensible aux influences atmosphériques, à l'action de l'air et des sols humides. Il y a des zones et des régions dans lesquelles l'élevage du mouton est impossible, si ce n'est en stabulation permanente. Le mouton est aussi exposé à contracter des maladies contagieuses.

Nous indiquerons, en suivant l'ordre alphabétique, les maladies les plus communes des bêtes ovines; nous préciserons, autant que possible, les causes et nous formulerons les traitements les plus simples à employer en attendant la visite du vétérinaire. Si nous répétons que cette visite est plus souvent nécessaire qu'on ne le croit, nous ne voulons pas dire qu'il faille faire beaucoup de dépenses pour les soins à donner à un mouton isolément malade. Evidemment la perte d'une seule bête commune est peu importante en général. Mais souvent quand un mouton est atteint d'une affection interne grave, c'est qu'il a été exposé à des causes auxquelles les autres animaux, composant le troupeau, ont été également exposés; il en résulte que plusieurs sujets sont sous le coup de la maladie qui en a affecté un seul. Il y a dès lors des mesures générales à prendre pour enrayer le mal et éviter les pertes. C'est à ce point de vue qu'il faut se placer et, alors, il n'y a pas à hésiter à appeler le vétérinaire, l'ensemble du troupeau représentant tou- jours une valeur considérable. Nous avons eu la bonne fortune de réussir assez souvent à en- rayer une maladie en cours de déve- loppement dans des troupeaux dont un ou deux sujets étaient morts sans soins. Il a suffi, pour nous éclairer et nous indiquer le remède, de faire une ou deux autopsies."

SIGNES GÉNÉRAUX DE LA SANTÉ. — Les moutons bien por- tants sont gais, vifs, dressent la tête

les autres. S'il y a un malade parmi eux, il est aussitôt reconnu parce qu'il se tient à l'écart. La rumination et la digestion ne laissent rien à désirer ; les crottins sont plutôt secs que mous.

La respiration compte 12 à 15 mouvements par minute. La mu- queuse de l'œil est rose, ni pâle ni rouge vif. Le pouls, perçu à la face in- terne de l'avant- bras (fig. 35), bat 70 à 80 fois par minute.

SIGNES GÉNÉ- RAUX DE MALADIES. — Dès qu'un mou- ton est malade, il est triste et rapidement abattu. Il cesse de manger et de rumi- ner, se couche isolé dans un coin et, de préférence, sous les

Fig. 35.

quand on entre dans la bergerie, bêlent fortement aux heures des repas, suivent, en le poussant et le bousculant parfois, le berger qui fait la distribution des aliments. Si on les met dehors, ils té- moignent de leur gaîté et de leur vivacité par des sauts et des bondissements ; ils vont, viennent, courent, se jettent les uns sur

râteliers. Les excréments deviennent durs, luisants, à moins que la diarrhée ne se déclare. La muqueuse de l'œil est d'un rouge vif ou, d'autres fois, plus ou moins pâle et comme infiltrée et épais- sie. Le pouls est plus ou moins accéléré. Les mouvements respi- ratoires sont aussi plus accélérés. Ordinairement, au début même des maladies les plus bénignes, le mouton se plaint assez fort. C'est surtout en mettant le troupeau dehors que l'on reconnaît facilement les malades qui, dissimulés ou cachés dans la bergerie, peuvent passer inaperçus.

ACROBUSTITE. — C'est l'inflammation du fourreau qui, souvent, s'ulcère. La muqueuse apparaît au dehors d'un rouge vif, lie-de-vin. Il y a un engorgement de toute la région. Puis l'extrémité libre du fourreau s'épaissit, s'indure et se couvre de croûtes à son pourtour. La maladie n'est grave qu'en ce qu'elle est sujette à retour, se reproduisant dès que le traitement cesse.

Lotions astringentes à la décoction de tan, ou de feuilles de noyer, additionnée de vin et de quelques gouttes d'acide phénique. Détacher les croûtes avec soin avant chaque lotion, en coupant aux ciseaux les brins de laine adhérents à la plaie. Quand la région est séchée, il est bon de l'enduire de vaseline boriquée.

ANÉMIE. — Cette maladie est caractérisée par un appauvrissement du sang. Il ne faut pas la confondre avec la *cachexie aqueuse* ou *pourriture*. Nous avons eu, plusieurs années, occasion d'observer cette anémie, que nous considérons comme *essentielle*, chez des animaux pour lesquels, à raison de la nature du sol sec et sain du domaine, on n'avait pas à redouter la pourriture. C'est surtout en mars, avril et mai que nous l'avons observée. Les animaux paraissent bien portants, ayant bon appétit, mais sont médiocrement nourris. Ils cessent tout à coup de manger, se couchent et succombent en 24 à 36 heures au plus. Ils sont faibles, sans résistance quand on les saisit; la muqueuse de l'œil, non infiltrée, et celle de la bouche sont d'une pâleur extrême.

A l'autopsie on trouve les muscles ayant leur volume à peu près normal, mais un peu pâles. Il n'y a ni graisse de couverture ni graisse interstitielle. La cavité abdominale et le péritoine sont complètement dépourvus de suif. Tous les tissus, décolorés et pâles, ne sont pas infiltrés de sérosité. La rate ne présente rien d'anormal. Le foie est pâle, un peu jaunâtre et très friable. Le sang pâle, mais peu fluide, colore à peine le linge.

Le traitement, qui, en huit jours environ, nous a le mieux réussi, a été le régime substantiel avec des grains, des farines, des tourteaux, des baies et des feuilles de genièvre, des feuilles d'ajoncs, de l'eau rouillée en boissons. Nous faisions donner en même temps, dans du son sec, de la poudre de gentiane mélangée à de l'oxyde de fer.

ANGINE. — Ce mot exprime l'inflammation des organes situés dans la région de la gorge : pharynx et larynx. La maladie, que nous n'avons jamais eu l'occasion d'observer, serait due à des refroidissements, à des logements insalubres, mal entretenus et dans lesquels le fumier reste trop longtemps accumulé. Elle se manifeste par une gêne extrême de la respiration qui devient anxieuse; les yeux sont injectés; il y a de la fièvre. Elle peut se terminer par résolution en quatre ou cinq jours. Mais quelquefois la muqueuse des voies respiratoires se recouvre de fausses membranes pouvant entraîner la mort par asphyxie rapide.

Boissons tièdes additionnées de 0,05 à 0,15 centigr. d'émétique; fumigations tièdes avec décoction de plantes émollientes et aromatiques. Dans les cas de fausses membranes, il faut un traitement plus énergique que seul le vétérinaire peut prescrire.

ARTHRITE DES AGNEAUX. — Maladie extrêmement grave et très fréquemment mortelle dans une proportion dépassant 90 °/₀ des animaux affectés. L'arthrite des agneaux à la mamelle est une maladie infectieuse dans laquelle plusieurs jointures sont toujours atteintes à la fois. Ordinairement il se produit des abcès articulaires.

Nous déclarons formellement ne pas connaître un seul traitement sûr et efficace. Mais nous croyons qu'il est possible de prévenir la maladie toujours due à un microbe qui pénètre dans l'organisme par la plaie ombilicale après la naissance. C'est pourquoi nous croyons utile, dès que l'agneau a vu le jour, de lotionner à l'eau phéniquée et vineuse tiède la région ombilicale, de sécher ensuite avec du coton hydrophile ou un linge fin, bien sec et bien propre, puis d'enduire la plaie de vaseline boriquée. Ce traitement préventif doit être suivi pendant les quatre ou cinq jours qui suivent la naissance.

ASCITE. — Cette maladie, aussi appelée *gros ventre*, est assez commune chez les agneaux mal logés, exposés au froid, à l'humidité et conduits au pâturage pendant qu'ils sont encore à la mamelle. C'est une maladie chronique résultant tout d'abord d'une inflammation, ayant passé inaperçue, du péritoine. Il en résulte une accumulation de sérosité (eau rousse) dans la cavité abdominale.

Connaissant la cause, il est facile de prévenir la maladie qui, déclarée, se termine fréquemment par la mort.

BOUQUET. — Le nom scientifique est *fagopyrisme*. On l'appelle aussi *becqueriot* et *noir-museau*. Ce dernier nom est plus particulièrement donné à une maladie parasitaire dont nous parlerons à propos de la *gale*.

La fagopyrisme se produit sur les troupeaux que l'on fait pâturer dans des champs de sarrasin au moment où la plante va défleurir. On observe une tuméfaction de la face et de toutes les ouvertures naturelles. Ces régions deviennent rouges, chaudes et douloureuses. Puis une éruption de pustules à évolution rapide se produit. Les frottements les déchirent, et les plaies s'ulcèrent, suppurent et se recouvrent de croûtes noi-

râtres, adhérentes et difficiles à détacher sans faire saigner la peau. Il y a une démangeaison insupportable.

Le traitement consiste en soins hygiéniques : éviter aux animaux l'action du soleil, ne les conduire aux champs que le soir ou par des temps couverts et surtout supprimer l'alimentation au sarrasin. S'il y a de l'amaigrissement, ce qui est fréquent, donner à la bergerie une nourriture substantielle et tonique. On détache les croûtes par des onctions de vaseline boriquée, et on lotionne les plaies avec une décoction de tan, vineuse ou alcoolisée. Il y a toujours lieu de consulter le vétérinaire en raison des complications fréquentes.

BOUTEILLE. — On donne ce nom à un épiphénomène de la cachexie aqueuse ou pourriture, consistant en un engorgement du bord inférieur du cou et de la gorge des moutons. C'est toujours une imprudence grave que de vouloir ouvrir cet engorgement.

BRONCHITE. — C'est l'inflammation des bronches, ou *rhume de poitrine*, assez fréquente chez les moutons mal soignés, exposés au froid humide et à la pluie. La maladie est *aiguë* ou *chronique* et se présente plutôt sous cette dernière forme. Elle est caractérisée par de la toux, par un écoulement de mucosités purulentes par les narines. La toux est quinteuse, fatigante.

Le traitement consiste en l'administration d'électuaires composés de miel auquel on mélange 2 à 3 grammes de kermès minéral, ou 1 à 2 grammes d'oxyde de zinc. Ces poudres peuvent être données en mélange avec du son. Néanmoins la maladie peut persister sous la forme d'un véritable *catarrhe bronchique*. Il est alors nécessaire de recourir à des fumigations de goudron ou de baies de genièvre. On les brûle dans la bergerie sur une pelle en fer chauffée au rouge. Il existe une bronchite vermineuse, plus grave, que nous verrons plus loin.

CACHEXIE AQUEUSE OU HYDROHÉMIE. — Maladie connue sous les noms divers de *pourriture, douve, bouteille, boule, foie pourri, mal de foie*, etc. Elle est fréquente chez les moutons vivant dans une atmosphère humide et dans des contrées à sous-sol imperméable et, par conséquent, aussi humides. C'est une maladie d'autant plus redoutable qu'elle est insidieuse et que, quand on s'aperçoit de son existence, elle a fait des progrès tels qu'il n'y a en quelque sorte plus de traitement utile à employer. Presque tous les animaux du même troupeau peuvent être en peu de temps atteints à la fois. L'animal est triste, marche péniblement, reste à la suite du troupeau, perd l'appétit, ne rumine plus. La peau, les muqueuses apparentes sont d'une pâleur extrême; la conjonctive pâle est infiltrée, épaissie par de la sérosité. Les animaux n'ont plus la moindre réaction. Puis apparaît sous la gorge un engorgement volumineux (*la bouteille*) que l'on a tort de ponctionner.

À l'autopsie, tous les tissus sont pâles, décolorés; la graisse sous la peau, le suif dans l'abdomen et le péritoine, sont mous, comme transparents. La viande molle et fade est impropre à la consommation.

On prévient la maladie par une alimentation riche, succulente, en évitant les pâturages humides. Le traitement curatif consiste à employer des médicaments toniques, amers, ferrugineux : baies de genièvre, feuilles de noyer, gentiane, sous-carbonate de fer.

Il y a toujours urgence de consulter le vétérinaire qui saura prévenir les complications.

CATARRHE NASAL. — On l'appelle encore *enchifrènement.* C'est une inflammation de la muqueuse du nez donnant lieu, à *l'état aigu,* à un écoulement limpide et abondant, avec tristesse, fièvre, inappétence. La maladie résulte de refroidissements subits par des pluies. En général elle guérit sans traitement. Si la maladie passe à l'état chronique, l'écoulement nasal devient purulent. Il y a lieu de faire des fumigations excitantes de goudron ou de baies de genièvre. Éviter l'amaigrissement par un bon régime alimentaire.

CHARBON. — C'est une maladie tout à la fois infectieuse et contagieuse et d'une grande gravité puisque, d'une manière générale, tous les animaux affectés succombent rapidement. La maladie est en outre transmissible à l'homme. Le charbon se présente sous trois formes, une très rapide, les animaux succombant en 5 à 10 minutes; dans la seconde forme la mort survient entre 1 et 4 heures; enfin dans la forme la plus lente, la mort n'arrive qu'en 6 à 11 heures au plus. Les animaux sont pris tout à coup, avec les muqueuses injectées et d'un rouge violacé; la respiration est très accélérée et anxieuse; souvent il y a des coliques; la température monte à 41° et 42°. Les animaux contractent le charbon dans les pâturages végétant sur des terrains dans lesquels on a enfoui des cadavres de sujets charbonneux, quels qu'ils soient. Ce sont les vers de terre qui ramènent le virus à la surface du sol.

Il n'y a aucun traitement curatif. Mais depuis 1881, époque à laquelle, après l'immortelle découverte de Pasteur, on a commencé à vacciner les moutons contre le charbon, la maladie est devenue rare. Lorsqu'on habite une contrée où le charbon est fréquent, on a tout intérêt et toute sécurité à faire pratiquer les vaccinations sur son troupeau. Dès qu'il soupçonne l'existence du charbon, le propriétaire doit en faire sur-le-champ la déclaration à l'autorité administrative.

On appelle encore le charbon du mouton *sang de rate*, parce que toujours, à l'autopsie, on trouve la rate énorme et gorgée d'une pulpe noirâtre et visqueuse.

Très rarement les moutons algériens sont atteints du charbon.

CLAVELÉE. — Autre maladie contagieuse spéciale au mouton, également très grave, entraînant une mortalité d'environ 50 pour 100. Cette maladie, suivant les localités, est désignée encore sous les noms de *claveau, claviau, cloubiau, cloupiau*, etc. Elle est caractérisée par, outre la fièvre intense et l'abattement, une éruption pustuleuse plus ou moins générale et régulière à la surface du corps. L'animal succombe en huit ou dix jours, souvent en moins de temps et rarement plus. Chez celui qui doit guérir, la maladie parcourt ses phases en 20 à 30 jours. Au début d'une épizootie claveleuse la maladie est plus grave qu'à la fin où la mortalité se réduit. Ce sont des complications, c'est-à-dire le transport de la maladie sur l'intestin, les bronches, le poumon, qui déterminent la mort. La maladie est très bénigne sur les moutons algériens.

Dès qu'on soupçonne l'existence de la clavelée, il faut faire la déclaration à l'autorité. Celle-ci envoie un vétérinaire chargé de prescrire les mesures curatives ou préventives, et parmi elles la *clavelisation* des animaux non encore atteints. Cette opération très rationnelle a l'avantage de hâter le développement de la maladie, de tenir moins longtemps le propriétaire en suspens en faisant rapidement « la part du feu ». M. Pourquier, de Montpellier, aurait découvert un vaccin préventif appelé à rendre les plus grands services dans les départements du midi où la clavelée est très fréquente.

COLIQUES. — Les moutons sont assez souvent affectés de coliques qui ne sont que des signes d'autres maladies.

CONGESTION CÉRÉBRALE. — Cette maladie est assez fréquente chez les moutons qui paissent sous les rayons du soleil pendant l'été. Nous l'avons particulièrement observée sur des agneaux mérinos de 7 à 8 mois et sur ceux surtout chez lesquels on avait enlevé la laine de la tête lors de la première tonte. Les animaux paraissent d'abord surexcités, puis deviennent tristes subitement; l'œil est injecté, et ils tombent sur le sol, souvent pour ne plus se relever.

Il y a urgence d'amputer la queue pour obtenir du sang ou de saigner à la veine de l'œil si la queue est déjà coupée. Irrigations froides sur la tête et rapporter le plus tôt possible le sujet à la bergerie.

CONJONCTIVITE. — C'est l'inflammation de la muqueuse de l'œil. Elle est due à des corps étrangers, épillets et balles de graminées. Elle se présente chez les animaux exposés toute une journée à l'ardeur du soleil et sur ceux qui marchent à l'arrière du troupeau où ils reçoivent la poussière.

Retirer les corps étrangers si on les voit; lotions aussi chaudes et aussi longues que possible des yeux malades avec une infusion de thé, de tilleul, de camomille ou de fleurs de sureau.

CONSTIPATION. — Cette incommodité, non accompagnée d'inflammation de l'intestin, est assez rare chez les adultes et fréquente chez les agneaux nouveau-nés. Elle se présente chez les premiers, lorsqu'ils pâturent dans des bois où ils broutent des feuilles astringentes de chênes ou d'autres essences. On en vient assez facilement à bout avec quelques buvées blanches, additionnées de 30 à 40 grammes de sulfate de soude.

La constipation est plus grave chez les nouveau-nés. Elle est due à la privation du lait de la mère ayant deux agneaux et se produit chez celui qui n'a pas eu la mamelle. Le *méconium* paraît se dessécher dans l'intestin. Les petits animaux souffrent beaucoup, ont des coliques, de la fièvre et succombent bientôt. Lavements à l'eau savonneuse; faire prendre 3 à 4 grammes de crème de tartre soluble délayée dans du miel.

CREVASSES DU PIS. — Il n'est pas rare de rencontrer cet accident peu grave chez des brebis nourrices et surtout chez les primipares. Ne pas laisser téter l'agneau, traire doucement la brebis à la main et, après chaque traite, enduire la tétine de vaseline boriquée, le trayon seul étant atteint à son point d'insertion à la mamelle.

DARTRES. — Les moutons sont quelquefois atteints d'affections de la peau dues à des coups de soleil après la tonte ou à d'autres causes hygiéniques; on rencontre aussi l'eczéma. Ces accidents se présentent avec la dénudation de la peau plus ou moins rouge, avec suintements séreux, puis avec des croûtes. Il importe de ne pas confondre les dartres avec la gale. Les premières disparaissent avec des soins de propreté et par de légères cautérisations au nitrate d'argent ou à la teinture d'iode, ou encore avec un pansement au collodion iodoformé.

DIARRHÉE. — Elle se produit chez les adultes et chez les agneaux.

La *diarrhée des adultes* n'est, en général, pas grave, mais cependant elle demande quelques soins si l'on ne veut pas la voir dégénérer en *dysentérie*. On en vient assez facilement à bout par la diète et la suppression des pâturages humides. Le traitement consiste à donner, dès le début, 30 à 35 grammes de sulfate de soude dans des buvées blanchies à la farine d'orge;

ou encore du bicarbonate de soude 3 à 5 grammes dans du son sec. On donne aussi l'eau de riz sucrée et additionnée de 0,25 à 0,50 centigrammes de laudanum. Si l'on aperçoit quelques stries sanguinolentes dans les matières, on peut donner 2 à 4 grammes de poudre d'ipécacuanha.

La *diarrhée des agneaux* nouveau-nés est beaucoup plus grave et presque toujours épizootique. Elle est déterminée par un colibacille répandu dans la bergerie et que l'agneau absorbe souvent avec le premier lait. Aussitôt l'agneau né, on lavera l'anus, la vulve, le périnée, la queue et les mamelles de la mère avec une solution phéniquée à 2 pour 100. Avant de laisser téter le petit, on aura soin de bien laver les tétines à l'eau tiède préalablement bouillie. Si la diarrhée se déclare, on la traitera en administrant, délayée dans du lait tiède de la mère, la poudre suivante :

Salicylate de bismuth........	0 gr. 20 centigrammes.
Benzoate de naphtol....,....	0 » 02 —
Opium brut râpé............	0 » 10 —

On renouvellera l'administration toutes les 6 ou 8 heures.

On annonce, contre la diarrhée des agneaux et de tous les jeunes animaux, l'apparition prochaine d'un remède souverain qui, cependant, n'est encore qu'à l'étude. Nous souhaitons qu'il réussisse.

ENTÉRITE. — C'est l'inflammation de l'intestin, peu fréquente en général, chez le mouton. Elle se caractérise par de la constipation ou par de la diarrhée dont nous avons indiqué les traitements. Mais il est une entérite plus grave due à des empoisonnements par certains végétaux broutés dans les pâtures. C'est ainsi que nous avons eu l'occasion de constater deux fois l'empoisonnement de moutons par des renoncules et deux fois par de l'ellébore fétide. Malheureusement quand on s'aperçoit du mal, il est trop tard pour y porter remède et souvent on n'en reconnaît la cause qu'à l'autopsie.

C'est aux bergers qui, en général distinguent bien les bonnes des mauvaises plantes, à éviter les lieux où croissent les végétaux nuisibles.

FIÈVRE APHTEUSE. — Cette maladie, très contagieuse, est particulièrement grave chez le mouton, à raison du grand nombre d'animaux successivement atteints. Elle est surtout maligne chez les agneaux à la mamelle, qui succombent à des complications sur l'estomac et l'intestin. Au début, les animaux adultes sont tristes, abattus, sans appétit. Puis surviennent des aphtes dans la bouche qui est, ordinairement, moins atteinte que les onglons. La maladie se localise presque toujours sur les mamelles chez les brebis laitières.

Il y a urgence de faire la déclaration à l'autorité.

FOURCHET. — Maladie encore appelée onglet. On sait qu'il existe entre les deux onglons des pieds du mouton une glande sébacée dont le canal (canal biflexe) s'ouvre à la partie supérieure de l'espace interdigité. Pour des causes diverses, malpropreté, boue irritante, humidité, séjour sur de vieux fumiers, manque de litière, etc., cette glande s'enflamme. C'est cette inflammation qui constitue le fourchet ou furoncle interdigité qu'il ne faut pas confondre avec le piétin. La couronne du pied se gonfle, devient rouge, douloureuse et presque toujours il survient un abcès.

Cataplasmes phéniqués chauds enveloppant toute l'extrémité, puis ponction de l'abcès et soins extrêmes de propreté. La maladie guérit bien ; mais il peut survenir des ulcérations. Si plu-

sieurs animaux deviennent boiteux, il y a urgence de consulter le vétérinaire.

FRACTURES. — Les fractures des os des membres ne sont pas rares chez le mouton. Si l'animal en vaut la peine, on peut faire réduire la fracture. Sinon il vaut mieux l'abattre.

GALE. — La maladie, due à des parasites de diverses espèces, est éminemment contagieuse. Il y a, chez le mouton, trois sortes de gales causées, chacune, par un acarien différent : gale sarcoptique ; gale psoroptique ; gale symbiotique. Ces diverses gales, caractérisées par des symptômes particuliers à chacune d'elles, demandent des traitements différents.

Gale sarcoptique. — C'est la gale de la tête à laquelle on a encore donné le nom de noir-museau, qu'il ne faut pas confondre : avec le bouquet. La maladie affecte d'abord la lèvre supérieure, les ailes des narines, les paupières et les oreilles. Plus tard elle envahit le reste de la tête et même le cou.

Au début, quelques frictions avec une pommade de goudron et de savon vert, ou avec la pommade d'Helmérich suffisent pour assurer la guérison. Si la maladie est déjà ancienne, il y a lieu de faire tomber les croûtes par des savonnages, puis de faire quelques frictions à l'essence de lavande.

Gale psoroptique. — Elle est plus grave que la précédente parce que, plus insidieuse, on ne la découvre que quand l'acare s'est multiplié et a envahi une grande partie de la surface de la peau, en même temps qu'il s'est logé sur un grand nombre de bêtes du troupeau. La laine se détache par flocons feutrés ; les animaux se frottent contre tous les corps environnants et les démangeaisons sont surtout accentuées par la chaleur après la marche. Si l'on touche la peau, en faisant pénétrer les doigts dans la toison, on sent un grand nombre de petits boutons qui, peu à peu, forment des plaques assez larges, desquelles la laine se détache spontanément. Très rarement la gale psoroptique envahit tout un troupeau bien tenu, bien soigné et bien nourri. Si nous avons eu souvent à traiter des troupeaux galeux, nous n'avons jamais observé la maladie que chez des propriétaires négligents. On peut donc prévenir la gale par une bonne alimentation, et par de bons soins hygiéniques.

Le traitement curatif est assez facile à appliquer. Il faut d'abord modifier le régime alimentaire et le rendre riche et abondant. Quelques jours après la tonte, on soumet les animaux à un bain général alcalin, avec de l'eau tiède tenant en dissolution 4 à 5 kilogrammes de cristaux de soude du commerce pour 100 litres. Le lendemain, les animaux sont passés dans un bain arsénical dont voici la formule pour 100 moutons :

Acide arsénieux....................	1 kilogramme.
Sulfate de fer.....................	10 —
Eau...............................	100 litres.

On dissout les éléments dans l'eau bouillante, puis on laisse refroidir jusqu'à 25° centigrades environ avant de donner le bain.

On a quelquefois substitué 5 kilogr. de sulfate de zinc au sulfate de fer, sous le prétexte que ce dernier colore la laine. Cette coloration n'a pas de durée et le brin de laine n'est coloré que sur une longueur de 1 à 2 millimètres. Par contre, nous avons observé des empoisonnements dus à l'absorption du sulfate de zinc par la peau, et jamais à l'arsenic entrant dans la composition du bain. Dans tous les cas ce traitement ne peut être appliqué en toute sécurité qu'avec le concours du vétérinaire.

Ajoutons que si beaucoup d'autres traitements de la gale ont été préconisés depuis quelques années, nous n'en connaissons aucun qui vaille le bain arsénical et qui assure aussi rapidement la guérison.

Gale symbiotique. — Nous n'avons jamais été appelé à traiter cette gale, facile à guérir, même par les simples soins de propreté.

Dès qu'on soupçonne l'existence de la gale sur un troupeau, il y a obligation absolue d'en faire, sans délai, la déclaration à l'autorité, qui prend les mesures sanitaires indiquées dans la circonstance.

INDIGESTION. — Nous traiterons de l'indigestion des adultes à l'article *Météorisation;* mais il est une *indigestion* des agneaux assez grave. L'accident se produit chez les animaux qui ont tété trop abondamment après avoir été longtemps séparés de leurs mères; chez ceux auxquels, au moment du sevrage, on donne des farineux mélangés au lait. Les agneaux sont tristes, inquiets, ballonnés, ont la respiration gênée.

On prévient cette indigestion par la régularité des repas; en ne donnant que très modérément, au sevrage, des aliments farineux ou autres. La maladie guérit assez facilement par l'administration de 2 à 4 grammes de crème de tartre soluble dans un peu de miel. On peut aussi donner, dans du lait tiède, 1 à 3 grammes de magnésie calcinée.

MALADIES CONTAGIEUSES. — Les moutons, comme les autres espèces domestiques, contractent des *maladies contagieuses* qui, pour la plupart, sont inscrites dans la Loi de Police sanitaire. Ces maladies sont causées par des *virus* ayant pour agents actifs des *microbes* ou *bacilles* ou encore de petits animaux de la classe des arachnides et appelés *acares.* Les maladies déclarées contagieuses par la loi sont : la *peste bovine;* la *fièvre aphteuse* ou *cocotte;* la *clavelée;* la *gale;* le *sang de rate* ou *fièvre charbonneuse* ou, simplement, *charbon.*

MAMMITE. — La brebis nourrice est atteinte assez souvent d'inflammation des mamelles ou *mammite* et la maladie revêt une certaine gravité. Très rapidement la mamelle devient grosse, dure, rouge, douloureuse; il faut se hâter d'y porter remède pour éviter la gangrène, toujours à redouter. Quelquefois aussi la maladie se termine par des abcès de la glande.

De tous les traitements indiqués celui qui nous a toujours le mieux et le plus constamment réussi est le suivant : frictions légères de toute la mamelle malade avec le liniment ammoniacal composé de : huile ordinaire à manger, 3 cuillerées à bouche; ammoniaque liquide, 1 cuillerée; on bat le mélange avec une fourchette, pour le rendre bien homogène et on frictionne toutes les deux ou trois heures, le premier jour seulement, à l'aide d'un chiffon de laine. Ces frictions, sauf la première, qui sera de cinq minutes environ, seront légères et de moins en moins longues. La maladie suit alors son cours et s'il survient des abcès, on applique des cataplasmes émollients. Nous pensons qu'il est le plus souvent utile de consulter le vétérinaire.

MÉTÉORISATION. — C'est, à proprement parler, l'indigestion gazeuse des moutons adultes, consistant en une accumulation de gaz qui, dilatant la panse, provoquent l'asphyxie en refoulant le diaphragme et en limitant la respiration. Cet accident se produit chez des animaux qui ont consommé des plantes légumineuses vertes, mouillées de la rosée et quand elles ont été chauffées par le soleil, ou bien quand on leur donne ces plantes à la bergerie sans avoir eu le soin de les étaler pour qu'elles ne fermentent pas en tas. On éviterait la météorisation en ne laissant

pas sortir les animaux sans leur avoir donné quelques aliments secs à la bergerie.

Quand l'accident a lieu, il faut faire prendre de l'eau fortement salée, 5 à 10 grammes de sel de cuisine, pour un verre ordinaire. Après une demi-heure, si le météorisme n'a pas disparu, on recommence une ou deux fois. Si le gonflement du flanc gauche devient extrême, il faut ponctionner le rumen avec un *trocart à moutons,* qu'un bon berger doit avoir dans sa poche. Les animaux, succombant à la météorisation, sont impropres à la consommation.

MÉTRITE. — Cette maladie se présente quelquefois après un part laborieux ou, surtout à l'état chronique, après une délivrance incomplète. C'est l'inflammation de la muqueuse de la matrice qui se caractérise par des coliques, des efforts expulsifs, la perte de l'appétit et l'arrêt de la sécrétion mammaire. A l'état chronique, on constate un écoulement blanchâtre et purulent par la vulve. La brebis, qui en est atteinte, doit être réformée; elle est généralement inféconde.

Injections tièdes vineuses et phéniquées dans la matrice.

MUGUET. — Plaques blanches, dues à un cryptogame microscopique, se présentant sur les lèvres, dans la bouche et sur la langue des agneaux. Ordinairement, bien soignée au début, la maladie n'est pas grave. Elle est mortelle si elle s'étend à la gorge, à l'œsophage, à l'intestin.

Gargarismes et lotions à la décoction de feuilles de ronces miellées et vinaigrées. Toucher les plaques avec un tampon d'ouate hydrophile légèrement imbibé de teinture d'iode. On peut aussi employer la solution légère de sulfate de cuivre ou de nitrate d'argent.

NON-DÉLIVRANCE. — A raison de dispositions anatomiques

particulières, le placenta de la brebis est multiple et fixé par des cotylédons à l'utérus. Si la parturition a lieu avant terme ou même à la date précise de ce terme, le travail d'élimination des enveloppes fœtales peut être insuffisant, d'où la rétention du délivre par l'utérus.

Quelques heures après le part, si l'expulsion de ces membranes ne paraît pas devoir se faire spontanément, il y a lieu d'intervenir en exerçant des tractions modérées sur le cordon ombilical et sur les parties des enveloppes sorties de la vulve. Si, par ces tractions, le délivre ne paraît pas se détacher, il faut encore patienter, donner des injections utérines d'eau tiède vineuse et phéniquée et faire prendre à la brebis 8 à 10 grammes environ de *teinture utérine de Caramija* dans un verre de vin tiède. Le plus souvent, au bout de 24 heures, le médicament a agi et le délivre est expulsé.

ŒSTRE. — Le mouton est l'animal le plus éprouvé par l'œstre (*œstrus ovis*). Cette petite mouche d'un gris jaunâtre, peu velue, pond ses œufs par les grandes chaleurs, de juin à septembre, autour des narines du mouton dans lesquelles les larves pénètrent et vont se loger et se développer dans les sinus maxillaires et frontaux et jusque dans les cavités des chevilles qui supportent les cornes. Les moutons sont terrifiés par la présence de l'œstre qui, seulement quand il fait très chaud, recherche les troupeaux. On voit les animaux en très grand nombre se coucher, mettre le nez dans la poussière pour éviter la petite mouche. Celle-ci profite de l'instant où l'animal rumine pour pondre ses œufs autour des narines du patient. Dès que le mouton est touché par l'œstre, il s'agite, court de tous côtés, se frotte le nez avec les pattes ou contre les corps environnants jusqu'à se l'écorcher. Les larves vont demeurer huit à dix mois dans leur habitat. Elles déterminent une irritation de la muqueuse, surtout quand elles sont nombreuses, se manifestant par des ébrouements fréquents et par un jetage, souvent sanguinolent qui coule des narines.

Il n'y a vraiment pas de traitement curatif certain. Mais on peut prévenir le mal en détruisant les œstres qui se logent dans les trous et dans les bois de la bergerie en faisant, en l'absence du troupeau, des fumigations obtenues simplement par la combustion du bois ou en brûlant soit du goudron végétal, soit du bois de genièvre, puis en blanchissant chaque année les murs à l'eau de chaux. Les petits oiseaux concourent à la destruction de toutes les espèces d'œstres.

PIÉTIN. — Maladie grave du pied, éminemment contagieuse, d'une durée de un mois à un an si, dès le début, les animaux ne sont pas bien soignés. La maladie pouvant atteindre tous les animaux du troupeau, on a toujours tort de ne pas appeler le vétérinaire dès qu'elle est apparue sur quelques sujets. Le piétin consiste en une inflammation ulcéreuse et fistuleuse du tissu propre du pied. Les moutons boitent et souffrent beaucoup, restent couchés même au pâturage. Si on examine le ou les pieds atteints, on trouve la couronne gonflée, un peu chaude, sensible sans être très douloureuse, comme dans le fourchet. La corne décollée sous le pied s'enlève facilement. Les tissus sous-cornés ont un aspect grisâtre et exhalent une odeur fétide.

Il faut enlever la corne décollée sans faire couler de sang ; puis on panse avec différents agents à base de sels de cuivre ou de zinc. La liqueur de Villate donne de bons résultats, comme aussi l'onguent égyptiac, la solution de perchlorure de fer plus ou moins étendue. Il importe que les pansements soient faits souvent et, autant que possible, chaque jour.

On ne saurait trop conseiller, pour opérer les moutons atteints du piétin, l'emploi de l'ingénieux appareil Chatriet (fig. 36), permettant à un homme seul de faire facilement les opérations et les pansements (fig. 37).

Fig. 36.

Dans tous les cas, la bergerie devra être désinfectée à fond.

PISSEMENT DE SANG. — C'est plutôt un symptôme qu'une maladie vraie. Le pissement de sang se manifeste quelquefois au printemps chez les moutons qui, mal nourris pendant l'hiver, vont pâturer près des bois, des buissons, broutant des jeunes pousses d'arbres.

Le seul changement de pâture suffit à faire disparaître le mal: Cependant, s'il persiste, il y a lieu de recourir aux toniques amers et ferrugineux : poudre de gentiane, baies de genièvre, et perchlo-

rure de fer à la dose de 4 à 5 grammes pour dix litres d'eau dans les baquets de la bergerie. Il serait du reste sage de consulter le vétérinaire.

Quand les animaux, n'ayant pas quitté la bergerie, ont l'u-

Fig. 37.

rine sanguinolente, on peut craindre une affection calculeuse de l'appareil urinaire. Le vétérinaire seul peut déterminer la cause du mal et y porter remède.

PLEURÉSIE. — Cette maladie, qui a pour causes le froid humide et les logements malsains, est l'inflammation de la plèvre. Elle se présente à l'état aigu et à l'état chronique. Le plus souvent la *forme aiguë* passe inaperçue. Il y a un peu de fièvre, quelques frissons et de l'essoufflement. A l'*état chronique*, les animaux maigrissent, languissent, traînent à la suite du troupeau, se couchent souvent sur le sternum et non sur les côtés. Bien rarement la maladie est constatée pendant la vie de l'animal, parce que le berger, ou le propriétaire, invoque, pour expliquer la langueur du sujet, une foule de raisons hypothétiques et ne consulte jamais le vétérinaire qui, la plupart du temps, traiterait avec succès les malades. Aussi bien la pleurésie guérit seule assez souvent, mais laisse des traces qu'on reconnaît, à l'adhérence des plèvres viscérale et pariétale, à l'ouverture des cadavres.

PNEUMONIE. — C'est l'inflammation du tissu du poumon qui présente des caractères différents chez les adultes et chez les agneaux.

Adultes. — La *pneumonie* ou *fluxion de poitrine* reconnaît les mêmes causes que la pleurésie. Les conjonctives sont rouges et un peu jaunâtres; il y a fièvre et essoufflement; il s'écoule, par les narines, un jetage jaunâtre ou un peu sanguinolent, comme rouillé.

Si les animaux sont en bon état d'embonpoint, la saignée, même répétée, par amputation de la queue, ou à la veine de l'œil est indiquée. Boissons blanches additionnées de 0,10 à 0,25 centigrammes d'émétique dans les vingt-quatre heures.

La maladie dure au plus deux à quatre jours et se termine par la guérison, par des abcès du poumon, par le passage à l'état chronique ou par la mort. Il est toujours bon de consulter le vétérinaire, un grand nombre de sujets du troupeau, soumis aux mêmes causes, pouvant être simultanément atteints de pneumonie ou de pleurésie.

Agneaux. — Dans les régions humides et froides et dans les localités où on fait un agnelage d'hiver, les agneaux nouveau-nés contractent une pneumonie qui en tue un grand nombre en

quelques heures. Il faut, au moment où l'agnelage va commencer, régler avec soin la température de la bergerie entre 12° et 15° centigrades.

Il n'y a aucun traitement curatif à employer, la mort étant très rapide.

PNEUMO-ENTÉRITE. — Maladie infectieuse et contagieuse, non inscrite dans la Loi de Police sanitaire, observée par le professeur Galtier, de Lyon, qui l'a le premier décrite. Nous ne l'avons jamais personnellement étudiée. Cette maladie très grave est ordinairement transmise aux moutons par les porcs, qui en sont fréquemment affectés dans certaines contrées.

A l'*état aigu*, les animaux cessent de manger et de ruminer, sont assoupis; la respiration est accélérée; un jetage sanguinolent coule des narines; il y a fièvre avec une température de 42°; le ventre est souvent ballonné. La mort survient en 6 ou 12 heures, très rarement elle n'arrive qu'après 2 à 3 jours.

A l'*état chronique*, on observe une toux rauque, une accélération de la respiration, de l'inappétence; l'animal maigrit. Enfin l'appétit disparaît et survient une diarrhée qui emporte le malade. Sous cette forme la maladie dure de 4 à 6 mois pour les jeunes animaux et de 8 à 12 pour les adultes.

Dès l'apparition de la maladie dans un troupeau, il faut sortir les animaux sains des locaux infectés, les diviser en petits lots et les surveiller étroitement. Comme les fourrages peuvent être la cause du mal, il faut changer les moutons de pâturages et donner des fourrages d'autres provenances (Nocard et Leclainche).

Il y a nécessité de désinfecter les locaux, de détruire les fumiers et d'assainir les eaux de boissons.

POLICE SANITAIRE. — C'est l'ensemble des lois, décrets, arrêtés et règlements qui régissent les maladies contagieuses et imposent des devoirs aux propriétaires d'animaux atteints de ces maladies.

Il est des devoirs auxquels nul propriétaire, sous peine de poursuites correctionnelles, d'amende et de prison, ne peut se soustraire : 1° Il faut, dès qu'il s'aperçoit qu'un animal est atteint d'une maladie contagieuse, ou qu'il soupçonne seulement l'existence de la maladie, faire la déclaration au maire de la commune où se trouve l'animal et avant que l'autorité n'ait répondu à cette déclaration, le propriétaire doit tenir l'animal enfermé et séquestré ; il ne peut le transporter avant la visite du vétérinaire délégué par l'administration. 2° Le propriétaire ne peut faire traiter les animaux atteints ou suspects d'être atteints de maladies contagieuses par d'autres personnes que par un vétérinaire diplômé par l'une des trois Écoles vétérinaires de France.

Poux. — Trois espèces de poux vivent sur le mouton, causant en général peu de préjudice. Ces poux sont : le *trichodecte sphérocéphale*; un *mélophage* et un *ixode-ricin* ou *pou de bois*. Toutefois, ce dernier est un véritable *acarien*.

Le *trichodecte*, qui est aptère, a une longueur de 1 millimètre 1/2 environ. Il est blanchâtre avec la tête couleur de rouille et porte sur le dos des taches de même couleur. Il détériore la toison en coupant le brin au niveau de la peau. Nous avons observé une véritable épizootie due à ce pou qui avait envahi un troupeau de dishley-mérinos, en voie manifeste de dégénérescence.

Le *mélophage* du mouton, aptère également, a une longueur de 3 à 5 millimètres ; il a une couleur générale ferrugineuse. Il vit de suint, de débris de laine et du sang qu'il obtient en piquant l'animal.

L'*ixode-ricin* ou *tique* du mouton est à jeun, rouge-jaunâtre, et plombé, quand il est rempli. Avant son implantation par son rostre dans la peau du mouton, il a environ 3 millimètres de longueur sur 2 de largeur. Il se gorge de sang, se gonfle au point d'acquérir cinq fois son volume primitif et finit par tomber. Quand les ixodes sont nombreux sur un même sujet, ils lui prennent une quantité appréciable de sang.

Ces poux, y compris l'ixode, ne restent pas sur les animaux tondus. Dès que la saison le permet, si on en soupçonne l'existence dans un troupeau, il faut tondre les animaux. Les fumigations sulfureuses dans la bergerie, en l'absence du troupeau, sont nécessaires.

Rage. — Il arrive trop souvent qu'un chien enragé se jette sur un troupeau et morde un grand nombre de moutons. Tous ne deviendront pas enragés, la laine étant en quelque sorte un protecteur qui essuie la dent avant qu'elle n'atteigne la peau. Au début, les symptômes, si on n'est pas prévenu de l'invasion du chien enragé, ne sont ni nets ni caractéristiques. Le mouton enragé ébroue, fait grincer ses dents, il flaire et lèche ses compagnons, puis subitement devient agressif, frappe du pied et se précipite tête basse sur les animaux et les objets qui l'entourent (Nocard et Leclainche). Quand on a des doutes sur la nature de la maladie, que l'animal soit calme, on provoque facilement un accès, avec les caractères indiqués, en amenant un chien auprès du ou des malades.

Les moutons morts de la rage ou abattus pour cette cause sont impropres à la consommation. Quand on la soupçonne sur un troupeau, la déclaration au maire doit en être faite d'urgence.

Tétanos. — Cette affection, dont le siège paraît être le système nerveux, est due à un microbe, le bacille de Nicolaïer, qui pullule dans les terres, dans les fumiers, dans les purins et les flaques des rues. Rarement, si ce n'est à la suite de la castration, le mouton en est affecté. La plaie de l'opération est la porte d'entrée. Quand on soumettra les agneaux à la castration, on devra prendre des mesures de désinfection des locaux où seront logés les animaux, des instruments servant à l'opération et panser les plaies avec des antiseptiques : eau phéniquée, liqueur de Van Swieten, etc.

RENVERSEMENT DE L'UTÉRUS. — Ce grave accident se produit au moment où se termine la parturition. L'utérus entier se renverse en même temps que s'effectue la sortie complète de l'agneau. On aperçoit alors, derrière la brebis, une masse charnue d'abord rosée, puis rouge et sanguinolente. Parfois le délivre est encore attaché aux cotylédons.

Il faut commencer par détacher les enveloppes avec précaution pour éviter les déchirures des cotylédons. Puis on lotionne toute la masse herniée avec de l'eau tiède vineuse et phéniquée. On fait tenir en l'air les membres postérieurs légèrement écartés et peu à peu, en commençant par la partie la plus voisine du corps, on fait rentrer l'utérus. On maintient la bête suspendue pendant environ 15 minutes après l'opération. Le plus sage serait d'appeler le vétérinaire.

TREMBLANTE. — La maladie reçoit son nom d'un signe qui manque rarement, de véritables tremblements généraux de longue durée avec ou sans intermittence. On l'appelle aussi *prurigo lombaire*, à raison des démangeaisons ardentes que les animaux paraissent éprouver sur le trajet de la moelle épinière et particulièrement dans la région des lombes. Anatomiquement nous pensons que la maladie consiste en une inflammation des enveloppes du cerveau et surtout de celles de la moelle épinière. Elle se présente à l'état épizootique et tue un grand nombre d'animaux en peu de temps. Ceux qui en sont atteints

succombent toujours en huit à dix jours au plus. Il est de toute nécessité de consulter le vétérinaire qui saura prendre des mesures préventives.

TYPHUS CONTAGIEUX OU PESTE BOVINE. — Maladie très contagieuse, ordinairement transmise par les bovins. Cette maladie ne se voit en France qu'après une invasion de l'étranger.

VERS. — Le mouton héberge un grand nombre de parasites internes de toutes les formes connues. Nous signalerons ces espèces d'helminthes en suivant l'ordre des fonctions qu'elles troublent.

Vers de l'œsophage et de l'estomac. — On rencontre dans l'estomac et, plus rarement dans l'œsophage, le *strongle contourné*, le *strongle filicol* et le *strongle enroulé*. Le *spiroptère à écusson* se trouve plutôt dans l'œsophage. Les trois premiers, qui habitent de préférence la caillette, déterminent une anémie pernicieuse rapidement mortelle. On rencontre aussi le strongle filicol dans l'intestin.

Ces entozoaires cèdent difficilement aux traitements antivermineux. Néanmoins on peut administrer l'huile de cade, l'huile empyreumatique, ou l'essence de térébenthine, etc. Le strongle contourné est tué par la benzine (Charles Julien). Quand un troupeau est infesté par des strongles et que quelques sujets paraissent anémiés, il faut appeler le vétérinaire.

Vers de l'intestin. Ténia. — Le mouton et le chien sont les animaux les plus exposés à l'invasion des ténias. On en trouve huit espèces dans l'intestin du mouton : 1° le *ténia étendu*; 2° le *ténia blanc*; 3° le *ténia de Van Beneden*; 4° le *ténia frangé*; 5° le *ténia de Vogt* (très rare); 6° le *ténia du mouton*; 7° le *ténia centriponctué*; 8° le *ténia globiponctué*. Tous ne sont pas aussi communs les uns que les autres.

On ne s'aperçoit que rarement du début de l'infestation par les téniadés. Ce n'est que quand l'animal paraît devenir anémique que l'on commence à s'inquiéter. Cependant en observant bien — ce que font toujours les bons bergers — on peut apercevoir, sur les crottins, des anneaux de ténias, sorte de petits bouts de ruban blanc. On observe quelquefois des accès convulsifs, les fèces se ramollissent et sont mélangées de mucosités jaunâtres. Les animaux maigrissent assez vite. En général les jeunes animaux sont plus fréquemment atteints que les adultes. Certains pâturages sont favorables à la conservation des œufs et des larves de ténias.

Il ne faut pas attendre que la maladie ait fait des progrès et que l'anémie soit déclarée pour traiter les animaux. On administre, contre les ténias, une cuillerée à café d'huile empyreumatique avec 25 à 30 centigrammes d'émétique; on peut donner la racine de tanaisie à la dose de 15 grammes par jour; la noix d'arec et le kamala paraissent aussi réussir; un des meilleurs agents est la naphtaline qu'on administre deux fois par jour à la dose de 1 gramme pendant huit jours, après lesquels on purge avec du sulfate de soude. Un vétérinaire consulté précisera le traitement pour chaque cas particulier.

L'intestin du mouton héberge encore un *ascaride* et des *strongles* divers. Le premier, qualifié de *lombricoïde*, ressemble au ver de terre par la forme et le volume; il est blanc. Les strongles très petits ont aussi la forme du lombric. Les différents vermifuges déjà indiqués donnent des résultats assez satisfaisants.

Vers du foie. — On trouve diverses espèces de parasites dans le foie du mouton : le *distome hépatique* (*douve*); le *distome lancéolé*; le *cysticerque tenuicol*; la *linguatule denticulée*; enfin quelques *échinocoques*. Tous ces helminthes donnent naissance à des symptômes variés qui tous se résument dans un affaiblissement général et en une anémie ou une hydrohémie profondes. Un grand nombre de sujets sont atteints en même temps et quelques-uns succombent rapidement. Lorsqu'on soupçonne l'existence de ces parasites du foie, il est nécessaire, aussitôt que quelques animaux meurent, d'en faire l'autopsie pour être bien renseigné sur le traitement à faire suivre.

Les parasites nombreux, qui ont le foie pour habitat, se rencontrent, à l'état d'œufs et de larves, dans les pâturages humides. S'il n'y a pas d'agent curatif efficace, on peut prévenir les maladies, auxquels les vers donnent lieu, en éloignant les troupeaux des endroits humides. Le berger seul peut prendre les précautions nécessaires dans la conduite de ses animaux. Il faut néanmoins soumettre à un traitement tonique et à une nourriture succulente les sujets paraissant le moins affectés.

Vers des séreuses. — Le péritoine du mouton est un tissu favorable au développement du *ténia marginé*. Il s'y rencontre à l'état l'hydatide, ou de larve connue sous le non de *ténia tenuicol*. Aucun traitement ne peut être utilement conseillé.

Nous ne faisons que signaler les *linguatules* rencontrées parfois dans les *cavités nasales*. Ces vers cèdent assez facilement à des fumigations de goudron. Ne pas les confondre avec les larves d'œstre (voir ce mot).

Vers de la trachée, des bronches et des poumons. — L'appareil respiratoire du mouton, plus que celui d'autres espèces, est envahi par des vers déterminant une *broncho-pneumonie* dite *vermineuse*; ce sont des *filaires*, sortes de strongles d'une extrême ténuité. La respiration devient pénible jusqu'à la suffocation. Il s'écoule par les narines un jetage abondant, épais, dont la quantité augmente après de violentes et fatigantes quintes de toux qui anéantissent le sujet. En examinant attentivement ce jetage, on y rencontre toujours des paquets plus ou moins gros de strongles; c'est ce qui permet de distinguer la broncho-pneumonie vermineuse de la pneumonie simple (voir p. 76). Si l'on n'y porte remède, les animaux succombent rapidement dans l'étisie. La maladie est toujours fort grave; et comme elle affecte un grand nombre de sujets, il est toujours sage d'appeler le vétérinaire.

Le traitement, qui nous a le mieux réussi, consiste en fumigations faites dans la bergerie et pendant que les animaux y sont, avec du goudron, ou des baies de genièvre, brûlé sur une pelle de fer chauffée au rouge. On surveille les animaux et si l'on craint l'excès de la fumée, on laisse pénétrer un courant d'air, ou même on peut retirer momentanément les malades, pour recommencer chaque jour au moins une fois.

Des vers se rencontrent rarement dans l'*appareil circulatoire* et dans le *sang*.

Quant au *système musculaire*, celui du mouton passe jusqu'ici pour être le seul, chez les espèces comestibles, qui soit indemne de parasites.

Vers du système nerveux. — La présence, dans les centres nerveux du mouton (cerveau, cervelet et bulbe rachidien), de la larve du *ténia cœnure* du chien est fréquente. Cette larve, appelée *cœnure*, sorte de vésicule plus ou moins volumineuse, donne lieu à une maladie bien connue sous le nom de *tournis, tournoiement, vertigo, lourderie,* etc. C'est surtout chez les jeunes sujets que s'observe le tournis, qui, quoi qu'en disent certains éleveurs, n'est pas héréditaire. Les animaux paraissent d'abord hébétés, suivent avec peine le troupeau, mangent lentement, suspendent la mastication des aliments qu'ils ont dans la bouche. Le *cœnure*, en se développant, donne naissance

à des mouvements circulaires indiscontinus de l'individu. Il y a même de la cécité.

Le plus simple est d'abattre l'animal avant l'amaigrissement. On peut le consommer sans danger à la condition que la *cervelle* entière soit détruite par l'eau bouillante ou par l'acide sulfurique. M. Hartenstein, de Charleville, conseille un traitement assez long consistant en l'application constante d'une vessie pleine de glace sur le crâne pendant environ trois semaines.

Vices rédhibitoires. — La loi du 2 août 1884 désigne un seul vice rédhibitoire chez le mouton : la *clavelée* qui, reconnue chez un seul animal, entraîne la rédhibition de tout le troupeau vendu, si ce troupeau porte la marque du vendeur. D'autre part la clavelée, ainsi que nous l'avons vu page 69, étant une maladie déclarée contagieuse par l'article 29 de la 2me section du code rural, les animaux qui en sont atteints ou soupçonnés atteints ne peuvent être mis en vente (art. 41).

Il est encore d'autres maladies, assez fréquentes chez le mouton, dont nous ne saurions nous occuper ici. Ce sont des maladies infectieuses telles que les *septicémies*, la *pasteurellose*, etc., qui, régnant à l'état enzootique ou épizootique, nécessitent des autopsies et des recherches microscopiques. Il est de toute nécessité, dans ces cas, de consulter le vétérinaire. On a d'ailleurs toujours intérêt à le faire pour la plupart des maladies que nous venons de décrire sommairement et dont le début peut être facilement confondu avec celui des affections qui exigent des recherches. Nous savons que les études auxquelles ces maladies donnent lieu, vont conduire, à peu près certainement, les savants à la découverte d'un sérum préventif et, peut-être même, curatif.

TABLE DES MATIÈRES

PREMIÈRE PARTIE

ZOOLOGIE, ANATOMIE ET PHYSIOLOGIE

DEUXIÈME PARTIE

RACES OVINES, PRODUCTION, EXPLOITATION

TROISIÈME PARTIE

HYGIÈNE ET MALADIES DES MOUTONS

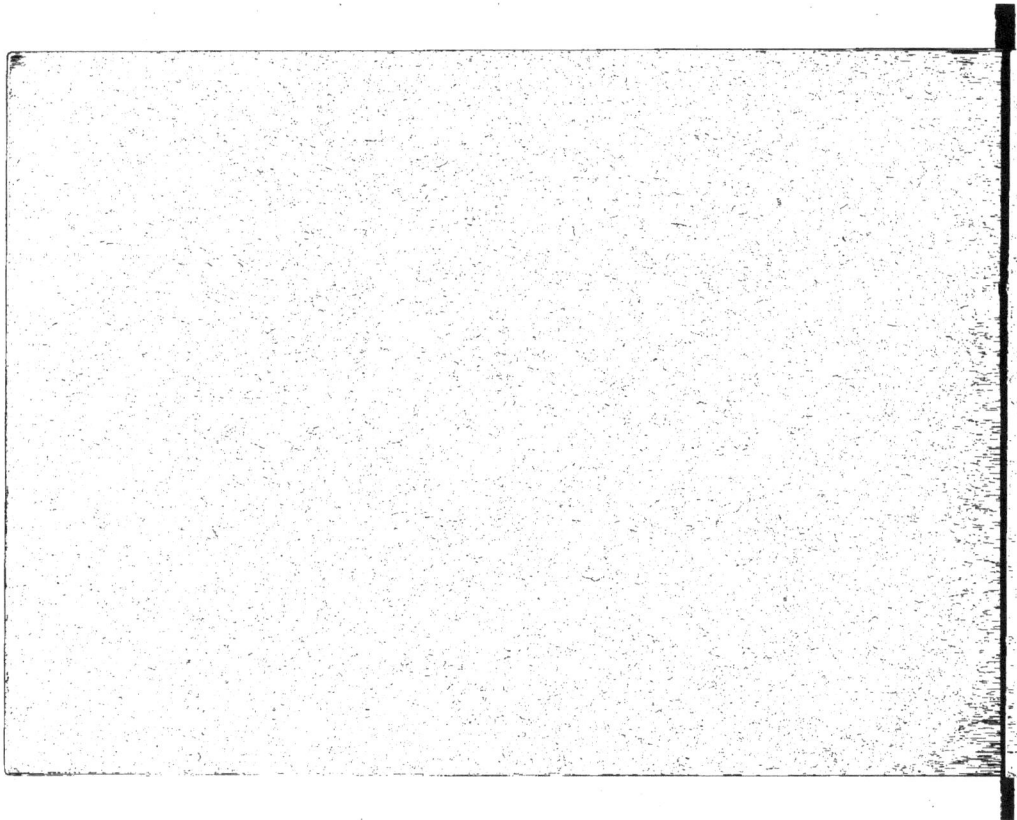

LE MOUTON

LÉGENDE EXPLICATIVE DES PLANCHES

Planche I. — EXTÉRIEUR

Tête.

1. Chignon ou sommet de la tête;
2. Naissance des cornes;
3. Cornes;
4. Oreilles;
5. Front;
6. Chanfrein;
7. Narines;
8. Bouche et lèvre supérieure;
9. Menton;
10. Gorge;
11. Joues;
12. Œil et paupières;
13. Larmier.

Tronc

14. Nuque;

15. Cou;
16. Partie inférieure de l'encolure;
17. Fanon ou cravate;
18. Garrot;
19. Dos;
20. Reins;
21. Côtes;
22. Poitrail;
23. Poitrine;
24. Ventre;
25. Flanc;
26. Creux du flanc;
27. Hanche;
28 et 29. Croupe;
30. Queue;
31. Bourse;
32. Fourreau.

Membres.

Membre antérieur.

33. Épaule;
34. Pointe de l'épaule;
35. Avant-bras;
36. Coude;
37. Genou;
38. Canon;
39. Boulet;
40. Paturon;

41. Couronne;
42. Pied et onglons.

Membre postérieur.

43. Cuisse;
44. Articulation de la cuisse;
45. Grasset;
46. Jambe;
47. Jarret;
48. Pointe du jarret.

Les parties inférieures du membre postérieur sont les analogues de celles indiquées, au-dessous du genou, pour le membre antérieur.

Planche II. — SQUELETTE

Tête.

1. Mâchoire supérieure;
2. Mâchoire inférieure;
3. Occipital;
4. Crête frontale;
5. Cheville osseuse;
6. Frontal;
7. Lacrymal;
8. Zygomatique;
9. Temporal;
10. Sus-nasal;
11. Grand sus-maxillaire;
12. Dents molaires supérieures;
13. Petit sus-maxillaire;
14. Larmier;
15. Orbite;
16. Dents molaires inférieures;
17. Huit dents incisives;

Tronc.

18-24. Sept vertèbres cervicales (*la 1ʳᵉ se nomme Atlas* (18) *et la 2ᵉ Axis* (19);
25-37. Treize vertèbres dorsales;
1-13. Côtes;
1-8. Vraies côtes ou côtes sternales;
9-13. Fausses côtes ou asternales;
38. Le sternum;
39-45. Sept vertèbres lombaires (*parfois au nombre de* 6);
46. Sacrum;
47-58. Vertèbres coccygiennes (*parfois au nombre de* 24);
59-61. Os coxaux ou os du bassin;
59. Ilium;
60. Ischium;
61. Pubis;
62. Articulation de la hanche ou coxo-fémorale.

Membres.

Membre antérieur.

63. Scapulum ou omoplate;
64. Articulation de l'épaule ou scapulo-humérale;
65. Humérus ou os du bras;
66. Olécrâne ou os du coude;
67. Radius ou os de l'avant-bras;
68. Articulation du coude;
69-75. Os du carpe ou de l'articulation du genou;
76. Métacarpe;
77. Grands sésamoïdes;
78. Première phalange;
79. Seconde phalange;
80. Troisième phalange;
81. Petits sésamoïdes;

Membre postérieur.

82. Fémur ou os de la cuisse;
83. Rotule;
84. Tibia ou os de la jambe;
85. Articulation du grasset, ou fémoro-tibio-rotulienne;
87-90. Os du tarse ou de l'articulation du jarret;
87. Calcaneum;
88. Astragale;

Les os des régions inférieures du membre postérieur sont les analogues des os correspondants du membre antérieur.

Planche III. — APPAREIL DE LA CIRCULATION

Les lettres majuscules indiquent les organes dans lesquels se distribuent les artères et les veines. Les premières sont colorées en rouge; les secondes en bleu. H. cœur; L. trachée-artère; S. œsophage; L. foie; M. estomacs.

Artères.

1. Aorte;
2. Artère coronaire gauche;
3. Aorte antérieure;
4. Aorte postérieure;
5. Tronc brachial droit (coupé);
6. Tronc brachial gauche;
7. Carotide gauche;
8. Carotide droite (presque invisible);
9. Artère cervicale;
10. Artère trachélienne;
11. Artère parotidienne;
12 et 13. Artères se distribuant dans les corps thyroïdes, le pharynx, le larynx, et l'œsophage;
14. Artère céphalique;
15-23. Artère glosso-faciale et ses divisions.
21. Artère temporale;
24. Angulaire de l'œil;
25. Première artère intercostale;
26-28. Artères cervicales superficielles et profondes;
29. Artère sus-scapulaire;
30 et 32. Artères sous-scapulaires (non figurées);
31. Artère sous-sternale;
33. Artère antibrachiale;

34-38. Artères métacarpiennes et pédieuses;
39. Artère œsophagienne (partie thoracique);
40. Artère trachéo-bronchique;
41. Artères intercostales;
42. Artère diaphragmatique;
43. Tronc cœliaque destiné à l'estomac et aux organes annexes ou
voisins;
44. Grande mésentérique;

45. Artères rénales.
46. Artère honteuse interne;
47. Artère petite mésentérique;
48. Artères lombaires;
49. Tronc crural;
50. Tronc iliaque;
52 et 54. Artères abdominales;
53. Artère testiculaire (ou mammaire
chez la brebis);
55 et 56. Artères fessières;

57-60. Artère fémorale antérieure et
ses divisions;
58 et 59. Artères tibiales.
61, 62 et 63. Artères métatarsiennes et
pédieuses;
64. Artère sous-abdominale;
65. Artères coccygiennes supérieure et
inférieure;
66. Artère rectale;
67. Artère anale;
68. Artère génitale interne;

69. Artère ischiatique;
70. Artère pulmonaire.

Veines.

71. Veine cave antérieure;
72. Veines jugulaires gauche et droite;
73. Veine azygos (non figurée);
74. Veine cave postérieure;
75. Veine hépatique;
76. Veine porte.

Planche IV. — MUSCULATURE OU CHAIR MUSCULAIRE

1. Releveur de la lèvre supérieure ou
fronto-labial;
2. Zygomato-labial, ou releveur de la
commissure des lèvres;
3. Releveur spécial de la lèvre supérieure produisant le retroussement complet de la lèvre;
4. Pyramidal du nez;
5. Alvéolo-labial;
6. Abaisseur de la lèvre inférieure;
7. Masséter;
8. Sterno-maxillaire;
9. Tendon du précédent;
10 et 11. Muscles palpébraux ou moteurs des paupières;
12, 13 et 14. Muscles moteurs de la conque de l'oreille;
15. Parotido-auriculaire;
16-20. Muscles allant du sternum et

de l'humérus à différents os de la
tête;
21. Petit pectoral;
22. Trapèze;
23. Angulaire de l'omoplate;
24 et 25. Adducteurs de l'épaule;
26. Partie tendineuse de ces muscles;
27 et 28. Scapulo-huméral;
29. Extenseur externe de l'avant-bras.
30 et 31. Muscles olécraniens, extenseurs de l'avant-bras.
32. Grand dorsal.
33. Grand oblique de l'abdomen;
34. Grand dentelé;
35. Grand pectoral;
36. Extenseur du métacarpe;
37. Extenseur interne des phalanges;
38. Extenseur commun des phalanges;
39. Extenseur externe des phalanges;

40. Fléchisseur externe du métacarpe;
41. Extenseur oblique du métacarpe
42. Fléchisseur superficiel des phalanges;
43. Tendon du même;
44. Fléchisseur profond des phalanges;
45. Tendon du même;
46. Bride carpienne;
47. Tendon de l'extenseur commun des
phalanges;
48. Extenseur oblique des phalanges;
49. Tendon du fléchisseur commun
des phalanges;
50. Tendon de l'extenseur des phalanges internes;
51. Bride du ligament suspenseur du
boulet;
52. Grand fessier.
53. Fascia lata;

54. Branche antérieure du triceps fémoral;
55. Branche moyenne du même;
56. Branche postérieure du même;
57. Long vaste, fléchisseur de la jambe;
58. Fléchisseur profond;
59. Muscles coccygiens;
60. Tibio-pré-métatarsien;
61. Long extenseur des phalanges;
62. Court fléchisseur du métatarse;
63. Long fléchisseur du métatarse;
64. Long fléchisseur des phalanges;
65. Portion externe du trijumeau ou
gastro-cnémien;
66. Portion interne du même;
67. Fléchisseur interne des phalanges;
68. Tendon du gastro-cnémien formant
la corde du jarret.

Planche V. — VISCÈRES OU ORGANES INTERNES

1. Cerveau ;
2. Cervelet ;
3. Bulbe rachidien ;
4. Moelle allongée ;
5. Moelle épinière ;
6. Coupe de la colonne vertébrale laissant voir le système nerveux central.
7. Ligament sus-épineux cervical ;
8. Fosses nasales ;
9. Pharynx ;
10. Larynx ;
11. Trachée artère ;
12. Corps thyroïde ;
13. Bronches ;
14. Poumon gauche ;
15. Poumon droit ;
16. Parois de la cavité thoracique ;
17 et 18. Diaphragme ;
19. Ventricule gauche du cœur et, au-dessus, oreillette gauche ;

20. Ventricule droit et, au-dessus, oreillette droite ;
21. Artère pulmonaire ;
22. Aorte partant du ventricule le gauche ;
23. Intérieur de l'oreillette droite ;
24. Intérieur du ventricule droit ;
25. Intérieur de l'oreillette gauche ;
26. Intérieur du ventricule gauche ;
27. Ligaments valvulaires.
28. Cavité de la bouche ;
29. Langue ;
30. Palais et ses sillons ;
31. Ouverture œsophagienne ;
32. Œsophage ;
33. Panse ou rumen ;
34. Cul-de-sac gauche du même ;
35. Cul-de-sac droit ;
36. Pilier du rumen ;
37. Villosités internes du rumen ;
38. Ouverture de l'œsophage (cardia) ;

39-42. Intérieur du rumen ;
43. Communication du rumen avec le second estomac ;
44. Second estomac (bonnet ou réseau) ;
45. Cellules du réseau ;
46. Troisième estomac (feuillet, livret ou psautier) ;
47. Feuillets du même ;
48. Quatrième estomac (caillette) ;
49. Replis de sa muqueuse ;
50. Ouverture de la caillette dans l'intestin (pylore) ;
51. Duodénum ou première portion de l'intestin grêle ;
52. Mésentère ;
53. Jéjunum ou portion moyenne de l'intestin grêle ;
54. Iléon ou dernière portion du même ;
55. Communication de l'intestin grêle avec le cœcum ;

56. Cœcum ;
57. Côlon ;
58. Rectum ;
59. Anus ;
60-63. Foie ;
64. Vésicule biliaire ;
65. Conduits ou canaux biliaires ;
66. Canal cystique ;
67. Canal cholédoque ;
68. Attaches du foie ;
69. Rein gauche ;
70. Coupe du même ;
71. Rein droit ;
72. Uretère ;
73. Vessie ;
74. Col de la vessie ;
75 et 76. Canal de l'urèthre dans le pénis ;
77. Testicules ;
78. Canal déférent.

Pour étudier la **Planche V**, on relève le n° 14 vers le haut, 19 à droite, 20 à gauche ; on les replace ensemble, puis on plie le cœur et le poumon droit vers le haut et on voit ainsi la cage thoracique. Le poumon remis en place, on plie à gauche la partie gauche du diaphragme et le premier estomac devient visible ainsi que la rate. Le premier estomac s'ouvre vers le haut ; après l'examen de son intérieur, on le replie en bas et à droite, pour rendre visibles le 2e, le 3e et le 4e ainsi que leurs parois internes. Les mêmes sont ensuite pliés à gauche avec la première partie de l'intestin ou duodénum. Le mésentère (52) est alors visible, avec le jéjunum (53), l'iléon (54), le côlon (57) et le rectum (58). On plie alors ces parties, formant une seule pièce, en bas, et l'on aperçoit le cœcum et son point de jonction (55) avec l'iléon.

Le rein gauche (69) est figuré en coupe et fermé vers le haut ; en pliant le cœcum à droite on rend visibles les uretères (72).

Les autres organes de l'abdomen et de la cavité du bassin sont figurés sur le fond de la planche, le foie (60), la vessie (73), le rein droit (71), le pénis (77) et le canal de l'urèthre.

Inversement les diverses planches de la série sont replacées comme une planche unique, de façon que la **Planche IV** soit sur la **Planche V** et la **Planche II** sur la **Planche III** ; la **Planche I** recouvre enfin toutes les autres.

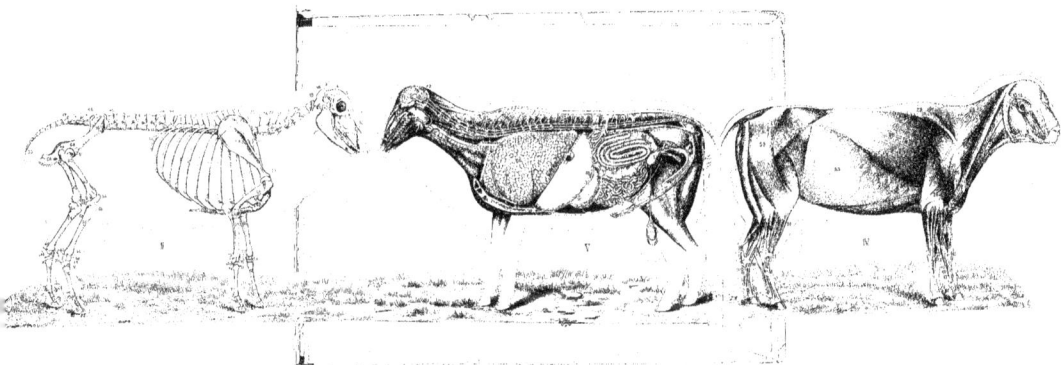

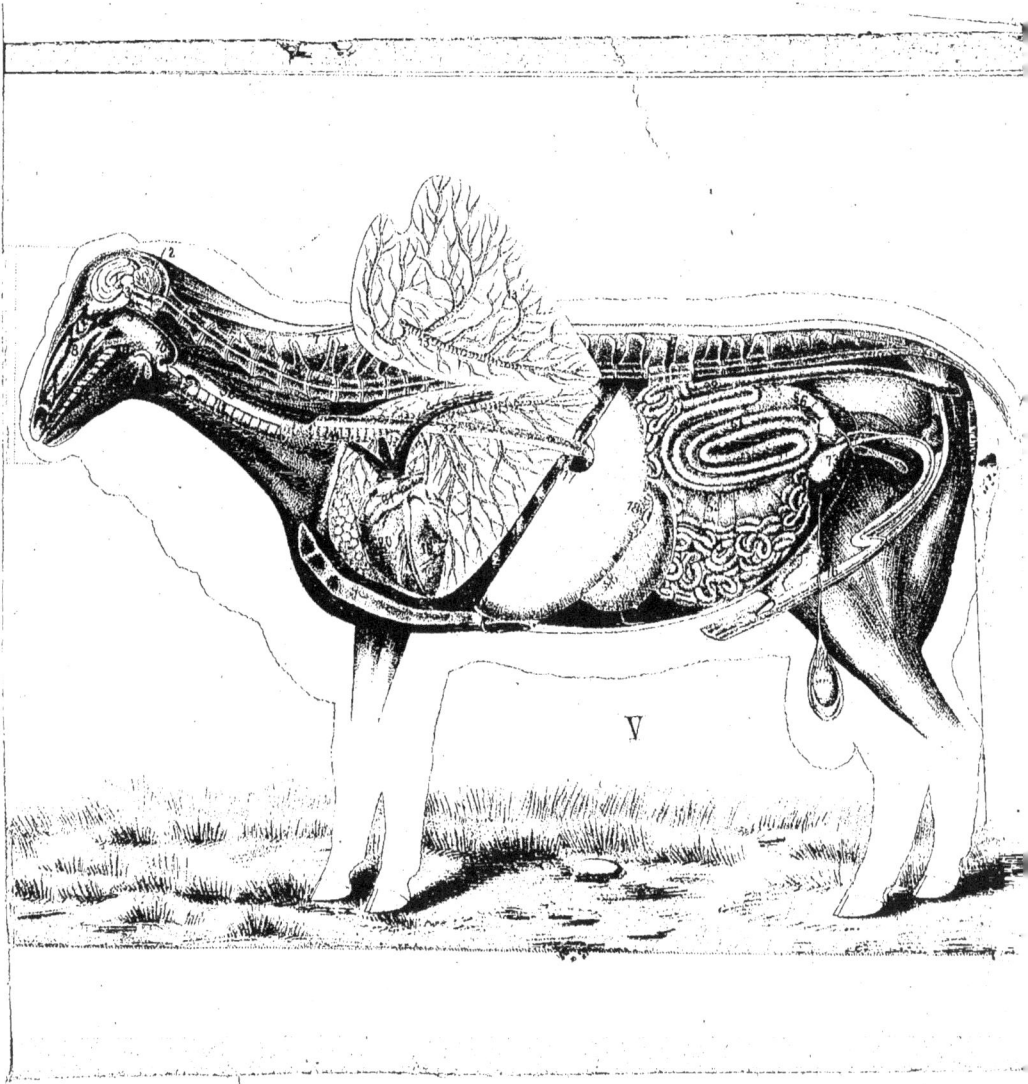

V

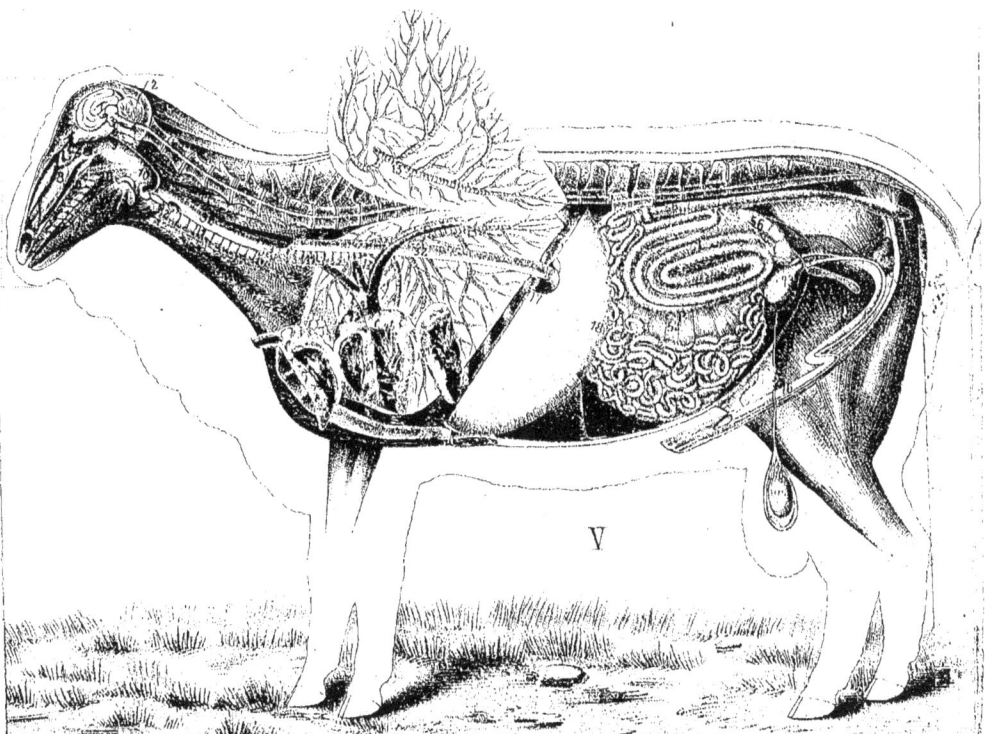

V

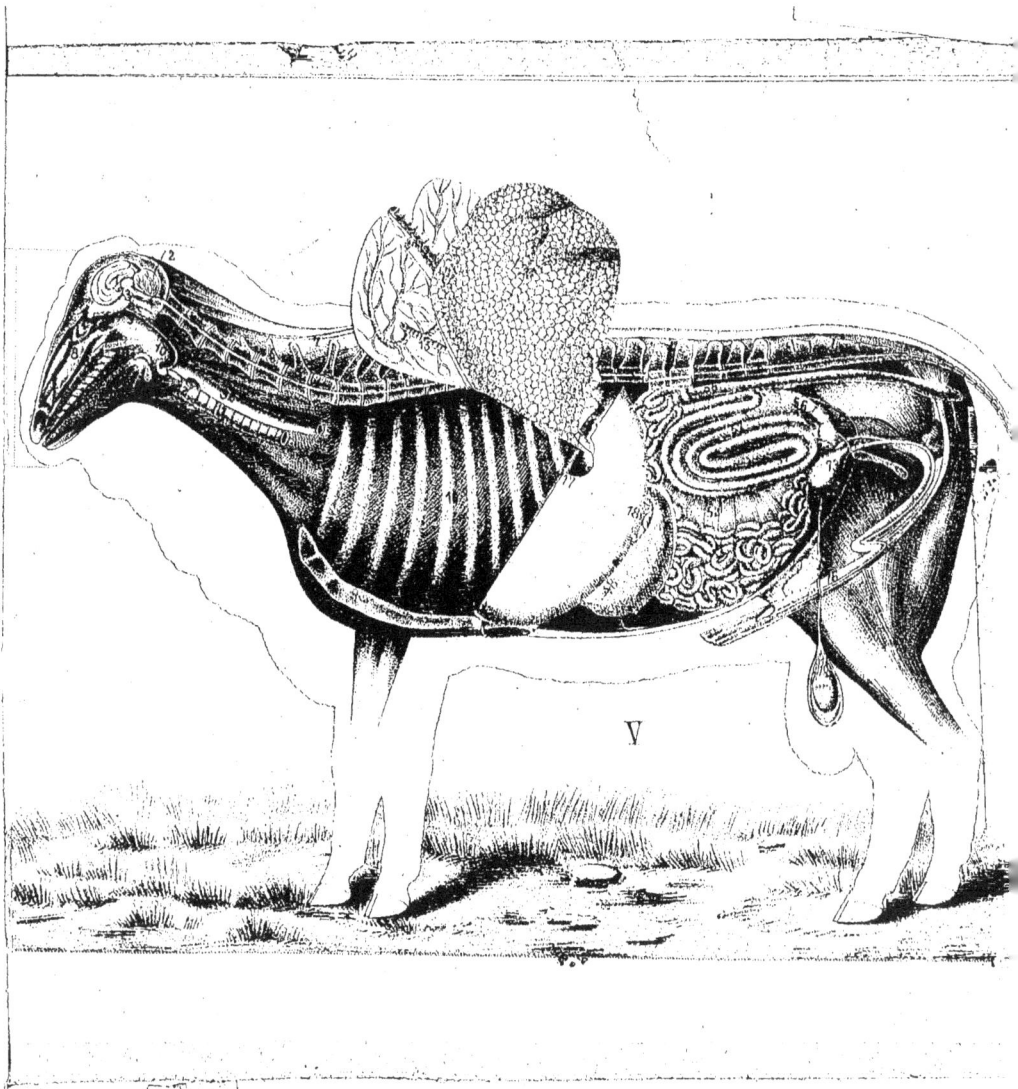

V

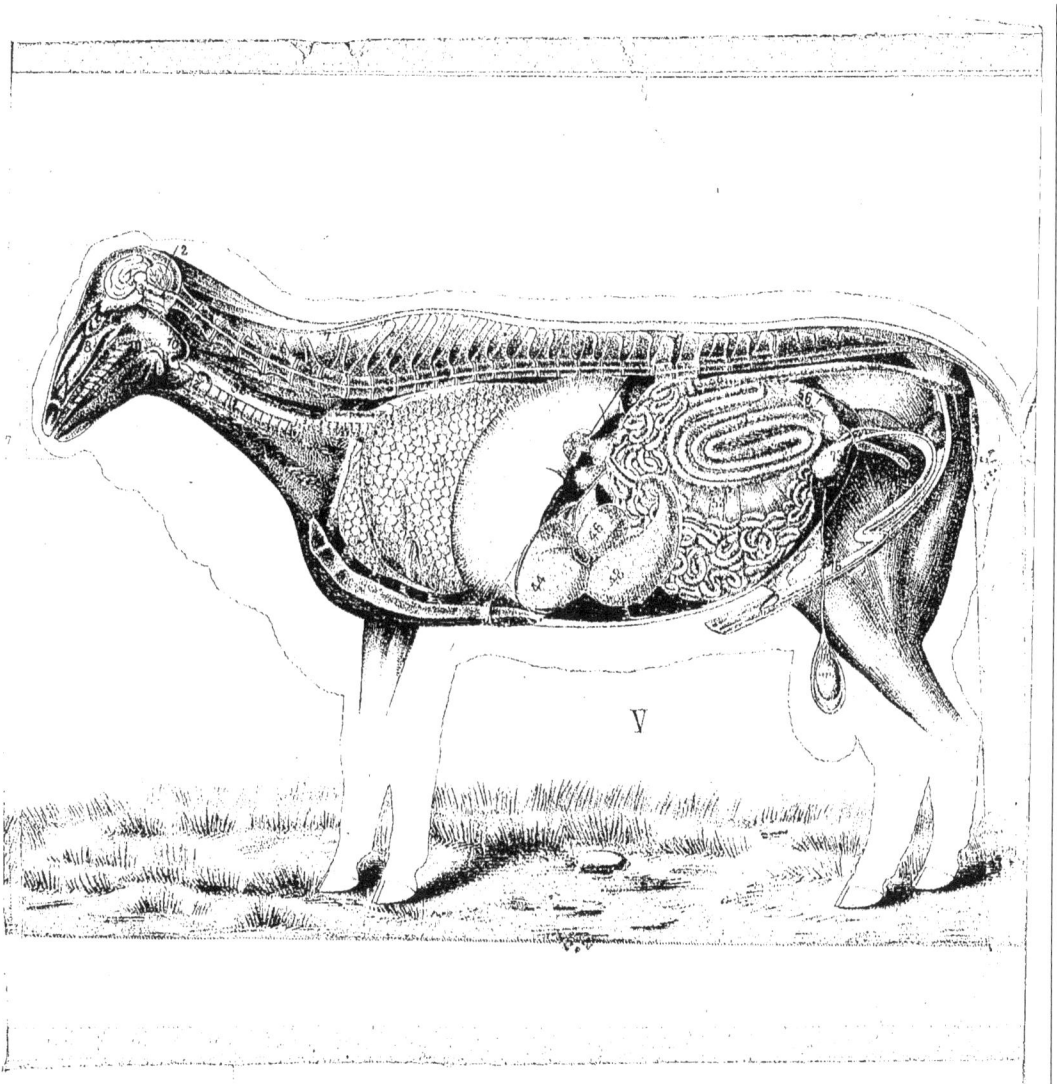

V

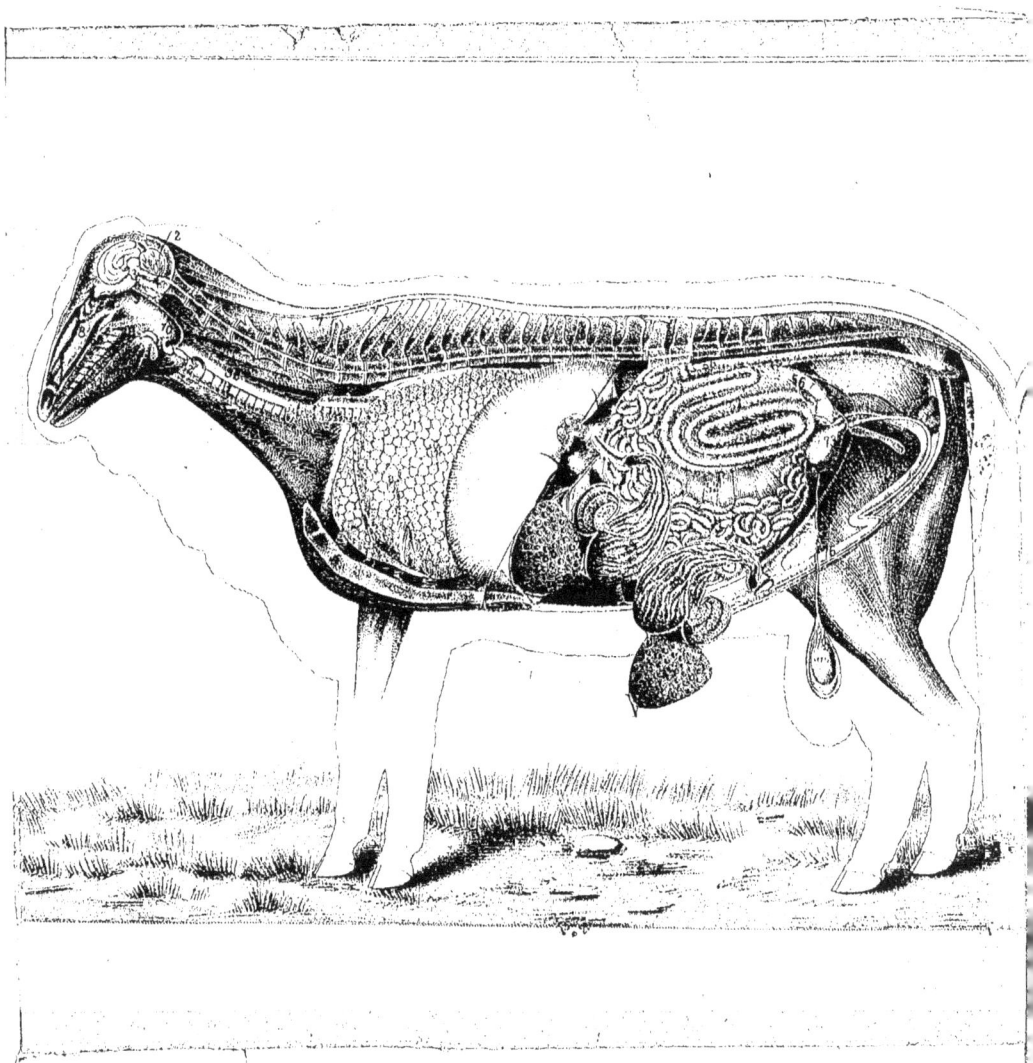

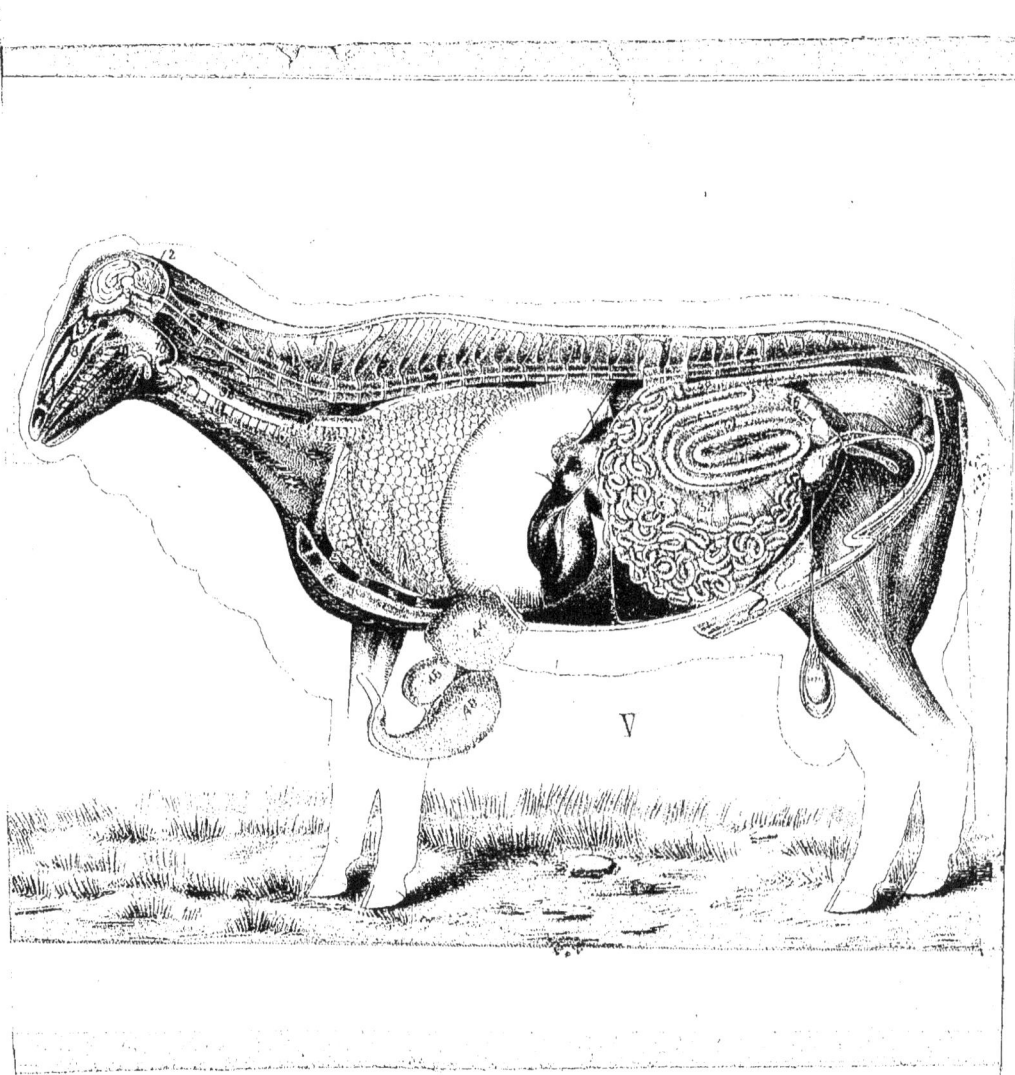

V

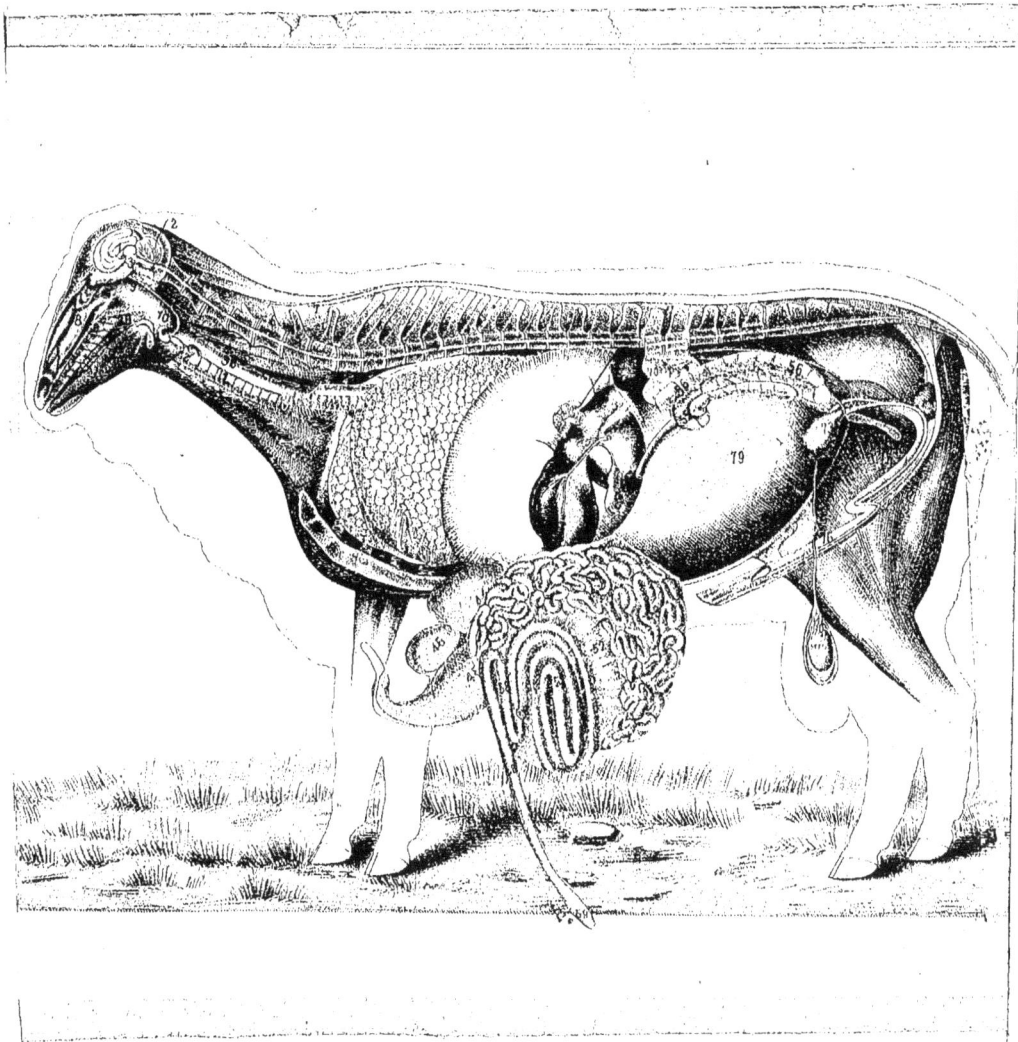

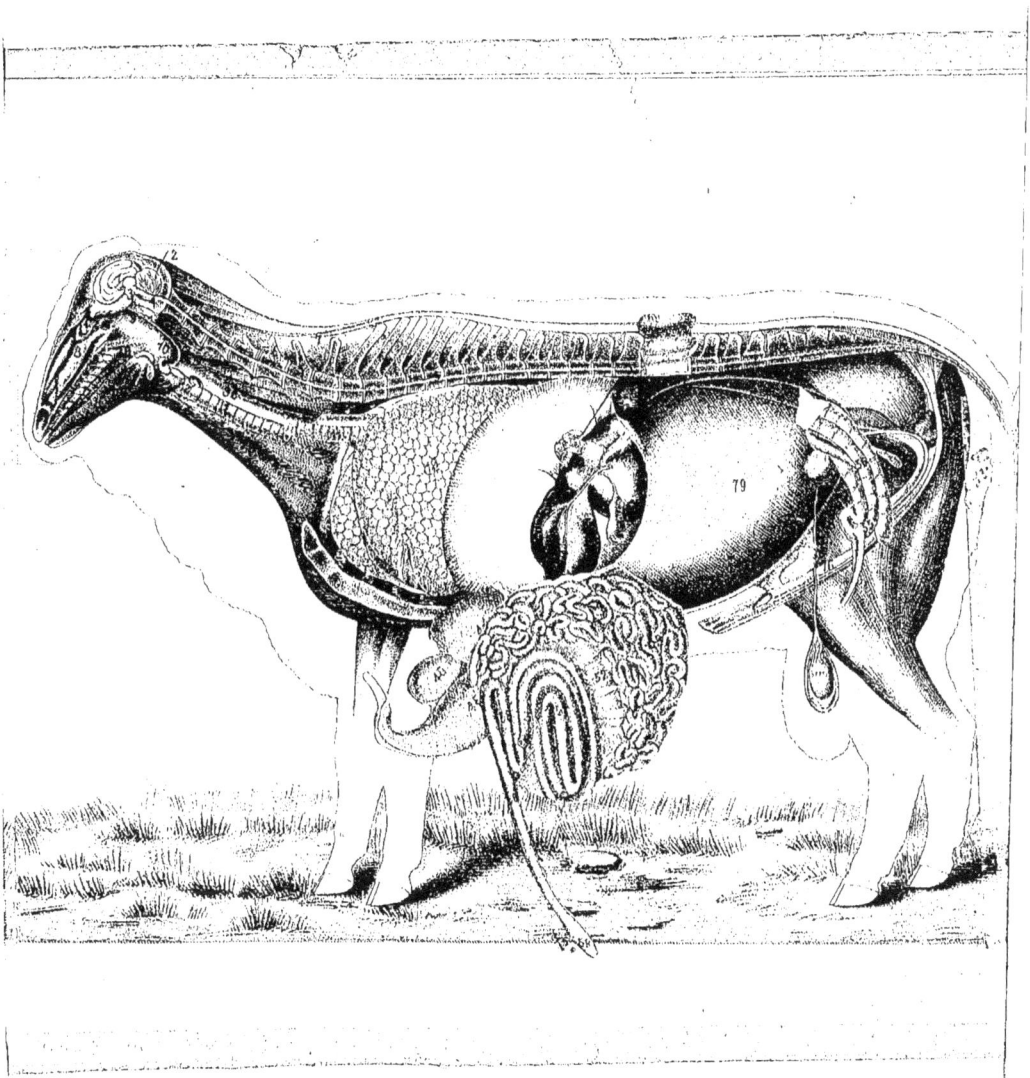